青少年心理自助文
完美丛书

U0679349

完 美

千树万树梨花开

侯鹏飞/著

直抵内心深处的成长感悟，
让你读懂未知的自己。

中国出版集团　现代出版社

图书在版编目(CIP)数据

完美:千树万树梨花开 / 侯鹏飞著. —北京:现代出版社,2013.11
(青少年心理自助文库)
ISBN 978-7-5143-1627-8

Ⅰ. ①完… Ⅱ. ①侯… Ⅲ. ①人生哲学 – 青年读物
②人生哲学 – 少年读物 Ⅳ. ①B821 –49

中国版本图书馆 CIP 数据核字(2013)第 273502 号

作　　者	侯鹏飞
责任编辑	刘春荣
出版发行	现代出版社
通讯地址	北京市安定门外安华里 504 号
邮政编码	100011
电　　话	010 – 64267325 64245264(传真)
网　　址	www.1980xd.com
电子邮箱	xiandai@ cnpitc.com.cn
印　　刷	北京中振源印务有限公司
开　　本	710mm ×1000mm　1/16
印　　张	14
版　　次	2019 年 4 月第 2 版　2019 年 4 月第 1 次印刷
书　　号	ISBN 978-7-5143-1627-8
定　　价	39.80 元

P 前言
REFACE

为什么当今时代的青少年拥有幸福的生活却依然感觉不幸福、不快乐？又怎样才能彻底摆脱日复一日地身心疲惫？怎样才能活得更真实快乐？越是在喧嚣和困惑的环境中无所适从，我们越是觉得快乐和宁静是何等的难能可贵。其实，正所谓"心安处即自由乡"，善于调节内心是一种拯救自我的能力。当我们能够对自我有清醒认识，对他人能宽容友善，对生活无限热爱的时候，一个拥有强大的心灵力量的你将会更加自信而乐观地面对一切。

青少年是国家的未来和希望。对于青少年的心理健康教育，直接关系着下一代能否健康成长，承担起建设和谐社会的重任。作为家庭、学校和社会，不能仅仅重视文化专业知识的教育，还要注重培养孩子们健康的心态和良好的心理素质，从改进教育方法上来真正关心、爱护和尊重他们。如何正确引导青少年走向健康的心理状态，是家庭、学校和社会的共同责任。心理自助能够帮助青少年解决心理问题，获得自我成长，最重要之处在于它能够激发青少年的自我探索的精神取向。自我探索是对自身的心理状态、思维方式、情绪反应和性格能力等方面的深入觉察。很多科学研究发现，这种觉察和了解本身对于心理问题就具有治疗的作用。此外，通过自我探索，青少年能够看到自己的问题所在，明确在哪些方面需要改善，从而"对症下药"。

好的习惯将使你成为有成就的人，同样，坏的习惯也将使你一生一事无成。所以切不可小看平时一些微不足道的毛病，一旦养成习惯，将成为你前进路上的绊脚石。这就非常需要我们仔细检查一遍自己的习惯。看看哪些是有益的，哪些是有害的，而后，将有害的改为有益的。哪怕一个小小的改

变,假以时日,必能受益无穷。后天的培养铸就了人们强大的习惯,要树立勤奋是光荣的、努力和坚持不懈终会得到好回报的信心,正所谓好习惯结好果,坏习惯酿恶果。

习惯是所有伟人的奴仆,也是所有失败者的帮凶。伟人之所以伟大,得益于习惯的鼎力相助;失败者之所以失败,习惯同样责不可卸。习惯决定命运。但我们应该明白,习惯不是与生俱来的,它是我们在后天的行为活动中逐步形成的。只有在正确道德意志的驱使下,才能形成良好的习惯。捡起别人忽略的纸屑,扔掉马路上的砖瓦,按时归还借来的东西,学会整理自己的学习用具,学会独立处理自己的事情……这些都需要我们在日复一日的学习与生活当中逐步养成。

所有成功人士都有一个共性,那就是,基于良好习惯构造的日常行为规律。各个领域中的杰出人士——成功的运动员、律师、政客、医生、企业家、音乐家、教育家、销售员,以及其他专业领域中的佼佼者,在他们的身上都有一个共性,那就是良好的习惯。正是这些好习惯,帮助他们开发出更多的与生俱来的潜能。正因为习惯的力量是如此之大,所以我们要养成良好的习惯以有助于成功。

本丛书从心理问题的普遍性着手,分别描述了性格、情绪、压力、意志、人际交往、异常行为等方面容易出现的一些心理问题,并提出了具体实用的应对策略,以帮助青少年读者驱散心灵的阴霾,科学调适身心,实现心理自助。

本丛书是你化解烦恼的心灵修养课,可以给你增加快乐的心理自助术;本丛书会让你认识到:掌控心理,方能掌控世界;改变自己,才能改变一切;本丛书还将告诉你:只有实现积极心理自助,才能收获快乐人生。

C目 录
ONTENTS

第三篇　方圆处事成就完美的人生

第四篇　坚持不懈成就成功的人生

第八篇　其实不完美也是一种幸福

第一篇 >>>

开启完美人生的美德

人生只有走出来的美丽，没有等出来的辉煌；人生没有一劳永逸的开始，也没有无法拯救的结束。即使一切都失去了，只要一息尚存，就没有理由绝望。我们或许改变不了环境，但可以改变自己；改变不了过去，但可以把握现在；不能样样顺利，但可以事事尽心；不能选择容貌，但可以展现笑容。

美德也许不需要你大彻大悟、大智若愚，只需要你生活中的一点一滴，只要你坚持做了，那么，你就是那个唤醒人们心底里藏匿的美德之人，你的美德也会在人们呼吸的空气中散播开来。

勤 奋

任何人都要经过不懈努力才能有所收获。收获的成果取决于这个人努力的程度，它与个人的付出是成正比的。

皮鲁克斯克先生在《说与做》一书中写道：只说不做最大的缺点就是——懒惰，凡是清楚自己需要什么，清楚从目前所处的地位达到内心所想要的地位要经过什么路程，而且不易自满，那么，这样的人就可以成就事业。

许多人都抱着这样一种想法，我的老板太苛刻了，根本不值得我如此勤奋地为他工作。然而，他们忽略了这样一个道理：工作时虚度光阴会伤害你的老板，但受伤害更深的是你自己。一些人花费很多精力来逃避工作，却不愿花同样的精力努力完成工作。他们以为自己骗得过老板，其实，他们愚弄的只是自己。老板或许并不了解每个员工的表现也无法熟知每一份工作的细节，但是一位优秀的管理者很清楚，努力最终带来的结果是什么。可以肯定的是，升迁和奖励是不会落在玩世不恭的人身上的。

任何人都要经过不懈努力才能有所收获。收获的成果取决于这个人努力的程度，它与个人的付出是成正比的。

家境穷困的"电学祖师"法拉第，由于自小就得每天黎明即起，外出送报赚钱，因此无法进学校读书。法拉第对万事万物都极为好奇，只要脑海里一出现自己不了解或想不通的问题，他就会立刻开口发问。

14岁那年，法拉第进入一家装订书籍的订书房，成为学徒。订书

房里有无数已经订好或是正等待装订的书，白天辛勤工作的法拉第，每晚都会偷偷拿起订书房里的书，一本又一本，竭尽全力地读着……而在这其中，法拉第最感兴趣的领域，莫过于"电学"。在有关电学的种种阅读之外，法拉第还常常自掏腰包，购买许多器材，来进行一个又一个的实验。

时光迈入1812年，那一年，有位对电学极有研究的知名德国科学家受邀前来英国演讲。

由于这场演讲的入场券，每张售价高达100英镑，因此当天前往听讲的人们，不是科学家，就是社会名流，个个光鲜耀眼。然而，就在这场演讲即将开始之际，用省吃俭用地攒下的钱买了张入场券的法拉第，也穿着他的工作服，赶到演讲厅外！立在门口的守卫，见到衣着与在场众人格格不入的法拉第，不免甚感奇怪。便叫住了法拉第，问道："您……请问您就读于哪一所大学呢？"

"我呀！"法拉第大大方方地回答，"我是订书房的学徒呀！"包括这守卫在内，所有站在法拉第身旁的人，此时，不禁都惊叫了一声！

只有法拉第仍若无其事地自顾自走进演讲会场……

听讲的时候，法拉第不仅一字一句，都听得非常仔细，同时也作了相当详尽的笔记。在这场演讲结束后，回到家的法拉第，心里却波涛汹涌了起来……"若我终其一生，都在这订书房里工作，如此，怎能实现我在电学方面的梦想呢？"法拉第心中暗自呐喊："要走上电学研究之路，我一定得去跟随那位科学家才行！"想到这儿，法拉第立刻提起笔来，给那位科学家写信。在这封信里，法拉第除了向这位科学家，表达自己对于电学的浓厚兴趣与理想，并希望他能收自己为徒。此外，他也将自己听演讲时所作的笔记全都整理好，一并寄上。然而，这封信寄出后，却犹如石沉大海。

日子一天天过去了，法拉第始终没有等到任何回音……对此失望至极的他，忍不住垂头丧气地对自己说："看来，我的美梦是破碎了……或许，我只有在订书房待一辈子的命吧……"可就在法拉第不时叹息、

沮丧，甚至想把自己所有的电学书籍与仪器，全都给扔得一干二净之时，这一天，一辆马车却在订书房门口停了下来。原来，来者正是那位科学家的助理——他带来了科学家写给法拉第的亲笔信函！虽然科学家在信中只是先允许法拉第在自己的实验室里充当打杂的仆役，但是，早已等待多时的法拉第，仍一口应允！

美国诗人兼随笔作家爱默生曾说："每个人都是自己命运的制造者。"正因如此，无论我们在生活与生命中，遭逢多么艰难困苦的境遇，哪怕自己所遇上的，是进退维谷的窘境，倘若置身其中的我们，仍怀抱着自己早先立定的美丽梦想、远大志向，那么，意欲积极向前、再创新局面与实现每一个美梦理想的我们，怎能不试着为自己，在人生路上开启另一扇前进之门？不主动打破停滞不前的境况，便只能被动地等待，以及屈从于别人的安排……

勤奋产生的伟大力量，无论你用什么样的语言形容都不为过。法国著名服装设计师皮尔·卡丹的奋斗史就说明了这个道理。

皮尔·卡丹从小就对服装感兴趣，即使是在最贫困的时候。

皮尔·卡丹的父亲——一个贫困的意大利农民带着妻子和7个孩子背井离乡去法国的圣莱第昂谋生时，皮尔·卡丹才刚满两岁。他是被母亲用一块蓝被单裹着离开家乡的。他生活在天天都要为吃饭与穿衣的事而发愁的家庭里，却偏偏对各式各样的服装感兴趣。

念中学的时候，由于贫困和年迈多病，皮尔·卡丹的父母再也无法维持这个家庭了。皮尔·卡丹不得不退学去做工，他的选择是去裁缝店当小学徒。皮尔·卡丹是个非常勤快的学徒，他知道自己只有勤奋做工才有机会。

勤奋使皮尔·卡丹的技艺很快就超过了师傅。他经常别出心裁地设计出一些新颖的服饰，很受当地女士的青睐。他不仅白天当裁缝、搞设计，晚上还到一个业余剧团当演员，以便于更好地观摩和研究各种新奇

高雅、绚丽多彩的舞台服装，这对他未来的设计风格产生了深远的影响。他并不是想当一名制衣匠，他的梦想是当一个"时装设计大师"。

他下决心要去世界时装艺术的中心巴黎闯荡一番。然而，初闯巴黎的尝试却失败了。

当时正是第二次世界大战刚刚拉开序幕的时候，巴黎乌云密布，所有的时装店都关了门。皮尔·卡丹随着逃难的人流，从巴黎流落到一个小城市里，几经周折，总算找到一家服装店安定下来。在这里的几年间，他刻苦努力，后来他又成了这家裁缝店里最出色的裁缝。

生计有了着落，但皮尔·卡丹却越来越苦恼，他觉得在这里待得越久，离巴黎就越来越远。他不甘心自己的梦想变得越来越渺茫。

有一天，他遇到一位同样因战争流落至此的贵妇人。贵妇人对他身上雅致的服装很感兴趣，听说这是他自己设计制作的，她更是十分惊讶。卡丹向她述说了自己的苦恼和梦想，贵妇人不由得感叹地说："孩子，你一定会成为百万富翁，这是命中注定的。"这预言更激起了他心中压抑已久的激情和愿望。

皮尔·卡丹带着贵妇人给他的地址，再次来到了巴黎城。

他按那贵妇人提供的地址找到了巴黎爱丽舍宫对面街上的女式服装店，这是一家专为大剧院设计缝制服装的颇有名气的服装店。凭着他高超的技术和对舞台服装的独到见解，老板毫不犹豫地雇用了他。

在那里，皮尔·卡丹潜心于自己的工作中，对高级服装的制作有了更成熟的经验。

服装店开始为法国先锋派电影《美女与野兽》设计服装，皮尔·卡丹参与了这次设计制作。他为角色设计的一套刺绣绒服装使角色在影片中大放光彩，也使皮尔·卡丹一举成名，成了巴黎服装界引人注目的新星。

从此以后，皮尔·卡丹开始不断地激励自己去追逐和实现自己的梦想。4年后，他的第一家服装店正式开张了。

皮尔·卡丹不仅要圆自己的梦，而且要使这个梦想日益完美，在他

的生命中放射出夺目的光彩。他要以不断地创新，不停地标新立异来确立他作为一个最成功的时装设计大师的地位。

他不失时机地提出了"时装大众化"的口号，把设计重点放在一般消费者身上，让更多的人买得起、穿得起。

大胆的离经叛道之举，招致了法国保守的时装界同行的攻击，但皮尔·卡丹却我行我素，继续进行他的"时装革命"。

他设计的系列童装更是怪诞离奇，极富于想象力，从而迅速地占领了欧洲市场。

皮尔·卡丹得意地说："我曾立下诺言，等我创业以后，我的服装不仅能够穿在温莎公爵身上，而同时连他的门房也有能力购买。"他确实实现了他的梦想。

在经营上，皮尔·卡丹也是新招迭出，令人目不暇接。他不遗余力地在全球拓展他的品牌和他的商业帝国的疆域。他的成功之梦似乎永无止境……

一个渴望成功的人，当他努力把最初的梦想用自己的勤奋来实现的时候，他就离成功不远了。勤奋产生奇迹，皮尔·卡丹的奋斗史就说明了这个道理。

心灵悄悄话
XIN LING QIAO QIAO HUA >>>

如果你永远保持勤奋的工作态度，你就会得到他人的称许和赞扬，就会赢得老板的器重，同时也会获取一份最可贵的资产——自信，对自己所拥有的才能赢得一个人或者一个机构的器重的自信。

忠　诚

如果决定继续工作．就应该衷心地给予公司老板同情和忠诚，并引以为豪。如果你无法不中伤、非难和轻视你的老板和公司，就放弃这个职位。

杰出无须证明，证明自己杰出的最有力证据就是能够容忍谩骂而不去报复他人。林肯做到了，他知道每一个生命都必定有其存在的理由。他让那些轻视他的人意识到：自己种下分歧的种子，必会自食其果。如果你任职的公司陷入困境，而老板是一个守财奴的话，你最好走到老板面前，自信地、心平气和地对他说："你太吝啬了。"指出他的方法是不合理的、荒谬的，然后告诉他应该如何改革，你甚至可以自告奋勇去帮助公司清除那些不为人知的弊端。

尝试着这样去做！但如果由于某种原因你无法做到，那么请作出以下选择：坚持还是放弃。你只能两者择其一。

要知道，当你慢慢松开自己和公司的联系时，一股强风就会随之而来，你会被连根拔起，吹进暴风雨中——你可能自己都不知道什么原因。

在每个地方你都能发现许多失业者，与他们交谈时，你会发现他们充满了抱怨、痛苦和诽谤。这就是问题所在——吹毛求疵的性格使他们摇摆不定，也使自己发展的道路越走越封闭。他们与公司格格不入，变得不再有用，只好被迫离开。每个雇主总是不断地在寻找能够助他一臂之力的人，当然他也在考察那些不起作用的人，任何成为发展障碍的人都会被拿掉。

那些只顾把时间花在说人长短、毁谤他人的人，是没有时间成功的。人的时间、精力和金钱都是有限的，你必须谨慎地选择使用它们的方式。

如果你决定以贬抑别人来提高自己，你会发现自己将大部分时间和精力花费在搬弄是非上，自己可用的就会所剩无几。如果你爱散布恶意伤人的内幕，就会丧失他人对你的信任。有句话说得好："向我们论人是非的，也会向人论我们的是非。"

我们只有抱着"做到最好"的态度来面对这份工作，即使别人觉得这样很傻、很累，他们就是能甘之如饴，因为秉持着这样的信念……

如何从1万户待售的房子中，找出其中最好的50户？

在纽约一份名为《房屋志》的杂志中，有一个"BestBuy"单元，专门替读者介绍好房子。为了完成这样的超级任务，杂志社不但请来专业的人员执行此单元，还向中介公司提出要求，希望能亲自到现场看房子。

"你们要去现场？"听到这样的要求，中介公司带着一副"你们很无聊"的口吻说，"不然这样好了，我将平面图传给你们。"

"不行，我们一定要自己去看。"

原本，中介公司以为，这些人只是随便看看而已，谁知到了现场，却发现大家扛来各式各样的装备，将房子上上下下丈量一番，看得中介人员一个个傻了眼。

"你们……你们为什么要这样做？"一位中介纳闷。

"虽然我们不知道自己看到的是不是最好的房子，但是，我们所推荐的房子一定要经过现场检查和勘测才行。"

凭着这样的精神，无论刮大风、下大雨，或者寒流来袭，总可以见到"8est Buy"的人员，带着几公斤重的仪器，穿梭在大大小小的房子里。

"像你们这样每一个房子都要看，一定会累死。"中介人员下了

结论。

累吗？

想想看，如果要你一天看五户房子，而且房子的地点有可能散布在纽约的四面八方，不累才怪！

那么，"Best Buv" 的人员为什么非得这样做呢？

因为，他们抱着"做到最好"的态度来面对这份工作，即使别人觉得这样很傻、很累，他们就是能甘之如饴，因为秉持着这样的信念，不仅让他们在工作上有优秀的表现，更是赢得大家的信任和掌声，而由于有着同样的工作态度而成功的例子，可说是屡见不鲜。

每个人对"好"这个字的认知不同，有的人觉得及格就好，有的人觉得要一百分才叫好，对于一个认真者来说，"好"的定义是：不需管别人用什么眼光来看你，只要你做到自己认为的好为止，这样的要求和执着，即使达不到十全十美，也一定会在你的人生中，留下无悔的成果。

心灵悄悄话
XIN LING QIAO QIAO HUA >>>

如果决定继续工作，就应该衷心地给予公司老板同情和忠诚，并引以为豪。如果你无法不中伤、非难和轻视你的老板和公司，就放弃这个职位，从旁观者的角度重新审视自己的心灵。只要你依然是某一机构的一部分，就不要诽谤它，不要伤害它。轻视自己所就职的机构就等于轻视你自己。

专 注

我们每个人都应该专心致志地做好自己该做的事，这样一来，许多事情就会变得简单。事情越简单。你从中的获益反而越多。

《成功杂志》庆祝创刊 100 周年时，编辑们节录了一些早期杂志中的优秀文章，其中最令人印象深刻的是一篇摘录文章。作者西奥多·瑞瑟在爱迪生的实验室外面扎营三个星期之后，才访问到这位著名的发明家。以下就是访谈的部分的内容：

瑞瑟："成功的第一要素是什么？"

爱迪生："能够将你身体与心智的能量锲而不舍地运用在同一个问题上而不会厌倦的能力……你整天都在做事，不是吗？每个人都是。假如你早上 7 点起床，晚上 11 点睡觉，你做事就做了整整 16 个小时。对大多数人而言，他们肯定是一直在做一些事，唯一的问题是，他们做很多很多事，而我只做一件。假如他们将这些时间运用在一个方向、一个目的上，他们就会成功。"

科学研究需要专心、专注，我们日常做事也是一样。

有一天早上，阿瑟路过一家理发店，决定进去理理头发。这家店的理发师像大多数理发师一样，是个乐观开朗、极为健谈的人。他兴致勃勃地给阿瑟讲了一大堆毫无意义的趣闻轶事和道听途说的传闻，阿瑟对此没有任何兴趣。

理发师讲起话来漫无边际，喋喋不休。好不容易挨到他把最后一句话说完，阿瑟终于长出了一口气，坐在椅子里闭目养神。

理发师注意到了阿瑟态度的细微变化，于是放下了手中的剪刀。

"哎，我说，"理发师一屁股坐在椅子上，重重叹口气，"我滔滔不绝地为你讲20多分钟故事。你为何始终一言不发呢？"

阿瑟听后笑了笑，他的笑容确实很优雅，很灿烂。

"我的朋友，"阿瑟说，"我这样做是想让你知道，你的工作是为我理发，而我的任务是坐在这里让你理发。你瞧，如果我俩都能集中精力，认真履行好自己的职责，那么我们的工作就接近于完美了。"

理发师听了阿瑟的话后，在余下的时间里管住了自己的嘴巴，再没讲过一句话。

你明白了吗？我们每个人对生活都应该专心致志地做好自己该做的事，这样一来，许多事情就会变得简单。事情越简单，你从中的获益反而越多。

"专注"就是把意识集中在某个特定的欲望上的行为，并要一直集中到已经找出实现这项欲望的方法，而且成功地将之付诸实际行动为止的一种积极心态。

人类所创造的任何东西，最初都是透过欲望而在想象中创造出来的，然后经由"专心"而变成事实。成功的第一要素是：能够将你身体与心智的能量锲而不舍地运用在同一个问题上而不会厌倦的能力……

心灵悄悄话
XIN LING QIAO QIAO HUA >>>

对于任何东西，你都可以渴望得到，而且，只要你的需求合乎理性，并且十分强烈，那么，"专心"这把"神奇之钥"将会帮助你得到它。

合 作

合作是所有组合式努力的开始。一群人为了达成某一特定目标，而把他们自己联合在一起。这种合作被称之为"团结努力"。

大雁在本能上很知道合作的价值。

毫无疑问，你经常会注意到它们以 V 字形飞行，而且 V 字形的一边比另一边长些。（V 字形的一边比另一边长的理由是因为有较多的雁。）这些雁定期变换领导者，因为为首的雁在前头开路，能降低它左右两边的雁所承受的阻力。科学家曾在风洞试验中发现，成群的雁以 V 字形飞行，比一只雁单独飞行能多飞 12% 的距离。

人类也是一样，只要能跟同伴合作而不是彼此争斗的话，往往能飞得更高、更远，而且更快。

"团结努力"的过程中最重要的因素是：专心、合作、协调。

你可以拿你所从事的行业或职业来试验，在加以分析之后，你将会发现，它所受的唯一限制就是缺乏运用组合与合作的努力。

我们可以拿法律事业来加以说明。

如果一家法律事务所只拥有一种固定的思维模式，那么，它的发展将受到很大的限制，即使它拥有十几名能力出众的人才也是一样。错综复杂的法律制度，需要各种不同的才能，这不是任何一个人所能提供的。

因此，很明显的，光是把人组织起来，并不足以保证一定能获得杰出的成功。一个良好的组织所包含的人才中，每一个人都要能够提供这个团体其他成员所未拥有的特殊才能。

一个组织良好的法律事务所必须拥有以下人才：具有替各种案子做好准备工作的特殊才能者；具有想象力的人，他能够了解如何把法律条文与证据同时纳入一个很好的计划中；具有这些能力的人，并不一定同时拥有出庭处理案件的能力，因此，法律事务所一定要聘有熟悉法庭程序的人才。我们若再进一步分析，将会发现，有许多种不同的案子，还需要各种不同的专门人才来做事前的准备工作，以及出庭处理。一位专门研究公司法的律师，可能对于处理刑事案件就会感到完全陌生了。

一个了解"组织、合作努力"原则的律师，在找人合伙开一家法律事务所时，一定会找一个对自己所欲执行的专门法律及程序极为了解的律师。对于此原则毫无概念的人，在挑选他的合伙人时，可能会采用平常的"听天由命"的办法，只会去找一个跟自己个性合得来的，或是与自己熟识的人，而不会去考虑他所拥有的特殊专门法律才能。

几乎在所有的商业范围内，至少需要以下三种人才——那就是采购员、销售员以及熟悉财务的人员。当这三种人互相协调，并进行合作之后，他们将经由合作的方式，而使他们自己获得个人所无法拥有的强大力量。

许多商业之所以失败，主要是因为这些商业所拥有的，清一色是销售人才，或是财务人才，或是采购人才。就天性来说，能力最强的销售人员都是乐观、热情的；而一般来说，最有能力的财务人员则理智、深思熟虑而且保守。这两种人是任何成功企业所不可缺少的。但这两种人若未能彼此发挥影响力，对任何企业，都不会发挥太大的作用。

在现代化的企业中，不管是工商业或金融业，我们都可以发现有这么两种人才，一种人才通常称之为"动力型"，另一种人才则被称为"平衡型"。

美国有一家著名的法律事务所是由两名律师合伙开没的。其中一人从来不曾上过法院，他负责准备该事务所接受案件的所有诉讼资料；事务所的另一位律师则负责出庭处理案件。两个人都是很积极的行动者，

但他们各以不同的方式来表现他们的行动。你如果想要在这世界上占有一席之地，应该先对自己做一番分析，然后明白自己究竟是"动力型"的人，还是"平衡型"的人，然后选定一个和你的天赋能力相同性质的"明确目标"。如果你和其他人合伙做生意，你也应该对他们做一番分析，并设法使每一个人担任最适合他们本性的工作。

换句话说，人们可以分成两类：一种是推动者，另一种是管理者。推动者可以成为一名能干的销售员或是组织者。管理者可以在公司买入资产之后，成为一名极佳的保管者。

让一个"管理者"员工管理一套书，他一定会很快乐，但是如果派他出去推销东西，他一定很不高兴，而且无法胜任；把一名"推动者"安排去管理一套书，他将会觉得很悲哀，他的个性要求他从事积极而紧凑的活动，被动式的行动无法满足他的野心，如果他所担任的工作无法使他获得他个性所要求的那种行动，那么，他将会成为一个失败者。

我们经常发现，那些盗用公款的人都是属于"推动者"的人，如果能让他们担任最适合他们的工作，他们也就不会经不起这种诱惑了。

挪威海岸外有一处世界上最著名并无法抗拒的大漩涡。这个永不停止旋转的大漩涡十分可怕，任何人只要被卷了进去，就再也无法逃生。

同样的，那些不了解合作努力原则的人，也正在向着生命的大漩涡前进，他们必然也会遭遇不幸的毁灭。

在我们生存的这个世界中，到处都可看到"适者生存"的证据。这儿所说的"适者"就是有力量的人，而力量就是合作努力。

很不幸的是，由于无知，或是自大，有些人因而误认为自己能够驾驶脆弱的小帆船驶入这个处处及险的生命海洋。这种人将会发现，有些旋涡比任何危险的海域还要危险万分。

当人们处于不友好的战斗时，不管是在何处，也不管战斗的性质及原因是什么，他们都可以发现，在战场附近有这样的一个大漩涡在等待

着这些战斗人员。

只有经由和平、和谐的合作努力，才能获得生命中的成就。单独一个人必定成就有限。即使一个人跑到荒野中去隐居，远离各种人类文明，他也仍然需要依赖他本身以外的力量来生存下去。他越是成为文明的一部分，就越是需要依赖合作性的努力。无论一个人是依靠白天辛勤工作谋生，还是依赖利息收入过活，只要他能够和其他人友好合作，他的生活就可以过得更顺心。还有，其生活哲学以"合作"而不是以"竞争"为基础的人，不仅可以比较容易过日子，以及获得舒适豪华的生活，也将享受到额外的"幸福"，而这是其他人所永远享受不到的。

经由合作努力而获得的财富，不会在它们的主人心上留下伤疤，如果是经由冲突与竞争方法而获得的财富，必然会使它们的主人受到伤害。

不管是为了生存，还是为了获得优裕的生活而努力积聚物质财富，这些努力占去了我们在这个世俗世界挣扎奋斗的大部分时间。如果我们无法改变人类天性的这种物质倾向，我们至少可以改变追求财富的方法，那就是把"合作"当作是追求财富的方法的基础。

"合作"可使人们获得双重的奖励：一方面可使我们获得生活所需求的一切；另一方面可使我们的内心获得平静，这是贪婪者所永远无法得到的。

贪心的人也许可以积聚庞大的物质财富，这一事实是不容否认的。但是他将会为了贪图一时的小利，而出卖了他的灵魂。

在发展自信心及领导才能的过程中，你还必须发扬合作精神。

如果没有其他人的协助与合作，任何人都无法取得持久性的成就。当两个或两个以上的人在任何方面把他们自己联合起来，建立在和谐与谅解的精神上之后，这一联盟中的每一个人将因此倍增他们自己的成就能力。

即使你是"天才"，能够凭借自己的才智获得一定的财富，但如果你懂得让自己的想象力与他人的想象力结合，就定然会产生更大得多的

成就。

我们每个人的"心智"都是一个独立的"能量体",而我们的潜意识则是一种磁体,当你去行动时,你的磁力就产生了,并将财富吸引过来。但如果你一个人的心灵力量,与更多"磁力"相同的人结合在了一起,就可以形成一个强大的"磁力场",而这个磁力场的创富力量将会是无与伦比的。

在生活中,大家也许会有这样的体会:假如你有一个苹果,我也有一个苹果,两人交换的结果每人仍然只有一个苹果。但是,假如你有一个设想,我有一个设想,两个交换的结果就可能是各得两个设想了。

同理,当独自研究一个问题时,可能思考 10 次,而这 10 次思考几乎都是沿着同一思维模式进行。如果拿到集体中去研究,从他人的发言中,也许一次就完成了自己一人需要 10 次才能完成的思考,并且他人的想法还会使自己产生新的联想。

一加一大于二是个富有哲理的不等式,它表明集体的力量并不是单个人累加之和。

领导者要善于激发团队的智慧和力量,而不是随意扼杀它们。这种集思广益的思维方法在当代社会已被普遍应用,它能填补个人头脑中的知识空隙,和通过互相激励、互相诱发,产生连锁反应,扩大和增加创造性设想。一些欧美财团采用群体思考法提出的方案数量,比同样的单个人提出的方案多 70% 。

可见,一个好的创意的产生与实施,光靠自身的力量和努力是不够的,必须集思广益,必须聚集起一批专家,让他们各显其能,各尽其才,充分发挥他们的创造性作用。

集思广益的观念源自一种自然现象:全体大于部分的总和。有些不同种的植物生长在一起,根部会互相缠绕,土质因而改善,植物也比单独生长时更为茂盛。两块木头所能承受的力量大于个别承受力的总和,两种药物并用的疗效也可能大于分开使用之和,这些都说明一加一可以等于三,甚至更多。

一般人或多或少都有过"众志成城"的经验，例如一场球赛暂时激发了团队精神；或是在危难中共同发挥同舟共济的精神，挽回一条生命。不过，这些通常被人们视为特例，甚至是奇迹，而非生活的常态。其实这些奇迹可以经常发生，甚至天天出现。但前提是必须勇于冒险，肯博采众议。因为凡是创新就得承担风险，不怕失败，不断尝试错误。只愿稳扎稳打的人，经不起这种煎熬。

心灵悄悄话
XIN LING QIAO QIAO HUA >>>

集思广益是人类最了不起的能耐。集思广益不但可创造奇迹，开辟前所未有的新天地，也能激发人类最大潜能，即使面对人生再大的挑战都不足惧。

自　信

信心的力量惊人，它可以改变恶劣的现状，造成令人难以相信的圆满结局。充满信心的人永远不会被击倒，他们是人生的胜利者。信心是"不可能"这一毒素的解药。

思想的软弱将会令你无法成就你的事业。

有些人缺乏坚定的信念，他们只知注意事物的表象，他人的意见会使他们改变态度；他们的决心总是游移不定，常常受反对方面的支配，或受不赞成者的操纵；他们浮动而不可靠，缺乏自我的决断力，无法下一个确切的决定。

一个不具力量的决心是毫无意义的。任何人的自信只要是表面上的，那他就一点都没有主张，没有一个人肯相信他。他也许是一个好人，但是却不能引起他人的信任。当面临重大危机时，不会有人想到去请教他。

一个人只有不畏困难，不轻言失败，信心百倍，朝着既定目标前行，永不回头，才会在有生之年走向成功。实现目标的欲望越强烈，成功的可能性就越大。相反，没有坚不可摧的成功愿望，目标便永远不可能达到。

人生中有些看似困难的事情我们其实完全能做到，只是我们不知道自己能够做到，但是如果我们坚持前进，就能做到。

汤姆·邓普西就是一个好例子：他生下来的时候只有半只左脚和一只畸形的右手，父母千方百计不让他因为自己的残疾而感到不安。结果

是任何男孩能做的事他都能做，童子军团一天行军5千米，汤姆也同样走完了。

后来他参加橄榄比赛，人们发现他踢定位球，比一般孩子踢的要远。他要人为自己专门设计一只鞋子，参加了测验，并且得到了冲锋队的一份合约。

但是教练却尽量婉转地告诉他，说他"不具有做职业橄榄球员的条件"，促请他去试试其他的事业。最后他申请加入新奥尔良圣徒球队，并且请求给他一次机会。教练虽然心存怀疑，但是看到这个男孩这么自信，对他有了好感，因此就同意了。

两个星期之后，教练对他的好感更深，因为他在一次友谊赛中跑出了55码触地得分。这使他成了圣徒队的正式队员，而且在那一季中为他的球队得了99分。

然后到了最伟大的时刻。66 000名球迷坐满了看台。球是在28码线上，比赛只剩下了几秒钟。圣徒队把球推进到45码线上，但是没有时间了。

"汤姆·邓普西，进场踢球。"教练大声说。当汤姆·邓普西进场时，他的队距离得分线有55码远。

球传接得很好，汤姆·邓普西一脚全力踢在球上，球笔直地前进。但是踢得够远吗？

66 000名球迷屏住气观看，接着终端得分线上的裁判举起了双手，表示得了3分，球在球门横杆之上几厘米的地方越过，汤姆·邓普西所在的一队以19比17获胜，球迷狂呼乱叫，为踢得最远的一球而兴奋，这是只有半只脚和一只畸形的手的球员踢出来的！

"真是难以相信。"有人大声叫，但是汤姆·邓普西只是微笑。

汤姆·邓普西成功了。

自信能使一个只有半只脚和一只畸形的手的人踢出最远的一个球。那么，还有什么事是拥有自信所办不到的呢？

自信是一种迷人的魅力，能帮你吸引和感染住周围的人。如果周围的人都被你的自信所感染，那你与他们的关系不就更近一层吗？

心存疑惑，就会失败；相信胜利，必定成功。相信自己能移山的人，会成就事业；认为自己不能的人，一辈子一事无成。成功意味着许多美好、积极的事物。

关于信心的威力，并没有什么神奇或神秘可言。信心起作用的过程是这样的：相信"我确实能做到"的态度，产生了能力、技巧与精力这些必备条件，每当你相信"我能做到"时，自然就会想出"如何去做"的方法。

全国各地每天都有不少年轻人开始新的工作，他们都"希望"能登上最高层，享受随之而来的成功果实。但是他们绝大多数都不具备必需的信心与决心，因此他们无法达到顶点。也因为他们相信自己达不到，以致找不到登上巅峰的途径，他们的作为也一直只停留在一般人的水平。

但是还是有少部分人真的相信他们总有一天会成功。他们抱着"我就要登上巅峰"（这并不是不可能的）的积极态度来进行各项工作。

这些人仔细研究高级经理人员的各种作为，学习那些成功者分析问题和作出决定的方式，并且留意他们如何应付进退。最后，他们终于凭着坚强的信心达到了目标。

信心是成功的秘诀。拿破仑曾经说过："我成功，是因为我志在成功。"如果没有这个目标，拿破仑必定没有坚定的决心与信心，当然成功也就与他无缘。

信心不仅能使一个白手起家的人成为巨富，也会使一个演员在风云变幻的政坛上大获成功，美国第四十届总统——罗纳德·里根就是有幸掌握这个诀窍的人物。

从22岁到54岁，罗纳德·里根从电台体育播音员到好莱坞电影明星，整个青年到中年的岁月都陷在文艺圈内，对于从政完全是陌生的，

更没有什么经验可谈。这一现实，几乎成为里根涉足政坛的一大拦路虎。然而，当机会来临，共和党内的保守派和一些富豪们竭力怂恿他竞选加州州长时，里根毅然决定放弃大半辈子赖以为生的影视职业，决心开辟人生的新领域。

当然，信心毕竟只是一种自我激励的精神力量，若离开了自己所据有的条件，信心也就失去了依托，难以变希望为现实。大凡想有所作为的人，都须脚踏实地，从自己的脚下踏出一条远行的路来。

成功者大都有"碰壁"的经历，但坚定的信心使他们能通过搜寻薄弱环节和隐藏着的"门"，或通过总结教训而更有效地谋取成功。

通过里根的经历，我们发现：信心的力量在成功者的足迹中起着决定性的作用，要想事业有成，就必须拥有无坚不摧的信心。

成功的欲望是创造和拥有财富的源泉。人一旦拥有了这一欲望并经由自我暗示和潜意识的激发后形成一种信心，这种信心便会转化为一种"积极的感情"。它能够激发潜意识释放出无穷的热情、精力和智慧，进而获得巨大的财富与事业上的成就。

有人把"信心"比喻为"一个人心理建筑的工程师"。信心一旦与思考结合，就能激发人们产生无限的智慧和力量，使每个人和欲望所求转化为物质、金钱、事业等方面的有形价值。

心灵悄悄话
XIN LING QIAO QIAO HUA >>>

在每一个成功者的背后，都有一股巨大的力量——信心，在支持和推动着他们不断向自己的目标迈进。所以，信心是生命和力量，信心是奇迹。

诚　实

　　诚实的人日久天长会逐渐形成宽容博大的胸怀。周围充满微笑和友爱；心思纯洁的人会渐渐养成，自律的习惯。周围充满宁静和平的氛围

　　你无法让所有的人都喜欢你，但是至少可以让大多数人都信赖你。诚实的人会逐渐形成宽容博大的胸怀，周围充满微笑和友爱；心思纯洁的人会渐渐养成自律的习惯，周围充满宁静和平的氛围。

　　人无信不立，良好的信誉能给自己的生活和事业带来意想不到的好处。诚实、守信是形成强大亲和力的基础——诚实守信会使人产生与你交往的愿望，在某种程度上，会消除不利因素带来的障碍，使困境变为坦途。

　　美国著名印刷商乔治·波特生长在一个很保守的家庭，每个礼拜天全家都要去做礼拜，然后回家吃饭，听父亲为他们解说《圣经》上的故事。"以诚待人"是父亲最常说的话。

　　乔治·波特上大学时家境不好，所以他就到一家印刷厂去打工，从清扫房间到送货什么事都干。

　　6年的大学生活，他都是在半工半读的情况下度过的。毕业后，他决定开一家印刷厂，当时他身边的2000美元足够他开业。虽然他的厂子是在很偏僻的郊外，但是从创业初期，他就一直遵循父亲所给予他的教诲。

　　乔治·波特将父亲的话应用到实际生活上，对每位顾客都坚守信用。如果成品不够精美，他就免费重做一遍（直至今日，弗朗西斯还

信守这个原则）。

此外，他交货也很准时。即使有时要连续两三天夜以继日地拼命工作才能完成订单，他也坚持信守承诺。就这样，他开始赚钱了，并在三年后拓展了他的事业，使他有能力购置更大的厂房和复杂的设备。但就在这时，他遇到了考验。

一个周末，一场大火把他的印刷厂烧成了一片废墟。保险公司只负责一半的损失，此时他负债累累。他的律师、会计师和经理都建议他宣告破产，但是他并没有这样做，他要勇敢地面对他的问题。那实在是不容易，但是他还是偿清了所欠的债务，并且重新开始。

由于他的承诺，赢得了所有债权人和厂商的信赖。他们简直不敢相信，他真的偿还了所有的债务。

那次以后，乔治·波特的事业一帆风顺。过去的五年间，他的业务增长率高达25%到35%。

一个人由弱而强的成功之道是什么，我们的回答是：以诚待人。

任何人都应该努力培植自己以诚待人的品行，使人们都愿意与你深交，都愿意竭力来帮助你。一个明智的商人不仅要有经商的本领，还要做到诚实和坦率，在决策方面更要培养起坚定而迅速地决断力。

罗赛尔·赛奇说："诚实守信是成大事者的最大关键。"一个人要想赢得大家的信任，一定要下极大的决心，花费大量的时间，不断努力才能做到。

那些取得巨大成功的人都有许多共同的特点，其中之一就是为人诚实。诚实是一种美德，对别人诚实才能获得别人的信任和尊敬。

如果你是个诚实的人，人们就会了解你、相信你。不论在什么情况下，人们都知道你不会掩饰、不会推托，也不会为自己的行为辩解；他们了解你说的是实话。那些取得巨大成功的人都有许多共同的特点，其中之一就是为人诚实。

美国知名的房地产经营家乔治以诚实著称，他在伊利诺伊州开始从事房地产业务之初，有一栋房子由他经手出售，屋主曾经告诉他："这栋房子整体结构都很好，只是屋顶太老，早就该翻修了。"

乔治第一天带去看房子的顾客是一对年轻夫妇。

她们说准备买房子的钱有限，很怕超支，所以想找一幢不需大修的房子。他们看了之后，很快地就喜欢上了它，特别是它的位置，想要马上搬进去住。这时，乔治对他们说："这栋房子需要花七千美元重新整修屋顶！"

乔治知道，说出这栋房子屋顶的真相，这笔生意可能因此做不成。果然，他们一听到修屋顶要花这么多钱，就不肯买了。一个星期之后，乔治得知他们去找另外一家房地产交易所，花较少的钱买了一栋类似的房子。

乔治的老板听说这笔生意被别人抢走了，非常生气。他把乔治叫到办公室，要他作出解释，乔治便如实回答了。老板对乔治的解释很不满意，更不高兴他替那一对夫妇的经济条件操心。

"他们并没有问你屋顶的情况！"他咆哮着说，"你没有责任说出屋顶要修，主动说这个情况是愚蠢的！你没有权利说，结果搞坏了事！"他说完便把乔治解雇了。

假如乔治是个失败者的话，他当时会想："我把实话告诉了那对夫妇，真是做了傻事，我为什么要为别人操心呢？我再也不要那样多嘴，把工作和佣金都搞没了。我可真笨！"

但是，乔治希望做个诚实人，他受到的教育一直是要他说实话。他的父亲总是对他说："你同别人一握手，就算是签了合同，讲的话就得算数。如果你想长期做生意，就要讲公道。"

乔治最关心的是他的信用，而不是钱。他当时虽然想要把那栋房子卖掉，但绝不肯因此而损及自己的人格。即使丢掉了工作，他仍然坚信自己唯一的做事准则就是把所有的真相统统说出来。

在生活和工作当中，你可能由于诚实而失掉某些你想要的东西。但是，在漫长的人生旅途中失掉一些应有的回报算不了什么。你需要的是建立信用，树立真正诚实的名声，应该使自己的话被人信赖。

心灵悄悄话
XIN LING QIAO QIAO HUA >>>

经常回顾一下自己的所作所为，是否能为自己的诚实而自豪？如果不能，应该好好反思一下，想一想，为什么会做出一些不诚实的行为和举动？这么做值得吗？如果当时坦诚以待，事情的结果会不会更好？能从错误中学习，并说服自己成为一个诚实可信之人，是可造之才。

宽　容

　　宽容是一种高尚的美德，它能让你的内心时时充满安详与快乐，它也能让你轻松地赢得他人的尊重，获得良好的人际关系。

　　美国著名作家马克斯韦尔·莫尔兹认为："没有宽容就没有宽松。无论你取得多大的成功，无论你爬过多高的山，无论你有多少闲暇，无论你有多少美好的目标，没有宽容的心，你仍然会遭受内心的痛苦。"

　　这个世界对于我们来说不公平的事太多了，没有宽容的心，你就可能时时生活在报怨、忌恨当中，寻不到生活的真正意义。

　　如果我们能够做到宽容别人，就会使对方欠你一笔人情债，作为"投资"，你会收到意外的"利润"。

　　楚庄王在打了一场胜仗之后，在宫中举行宴会犒赏有功的将士。大家从白天喝到晚上，酒兴正浓时，忽然一阵风把灯烛吹熄了，室内立刻陷入一片黑暗之中。有人趁机拉了庄王宠妃的衣袖。那个妃子不甘受辱，扯下那人系帽子用的带子，向庄王告状："有人趁黑暗中想调戏我，我把那人的帽缨扯下了，等会儿看看谁的帽子上没有了帽缨，就是谁了。请大王一定要严厉惩罚他。"

　　庄王想了想："我设宴摆酒是为了犒赏有功于国的将士，他们喝醉了酒而做出失礼的举动，我也有过失，怎么能为了一个妃子而辱没了我的部属？"

　　于是下令："今天请大家陪我喝酒，不拔掉帽缨就表示喝得不痛快！"

于是，在场的一百多位将士都把自己的帽缨拔掉。然后才重新点燃灯烛，君臣尽欢而散。

三年后，晋国攻打楚国，楚庄王不慎身陷重围，有一名楚国军官奋不顾身，将庄王救出，楚庄王问他："我平日对你没有特殊的礼遇，你为什么如此舍生忘死，这么卖力地为我打仗呢？"

那个军官回答："我是个早就该处死的人。三年前，我在宫中酒醉失礼，您宽容我的过失而不加追究，我早就想要报答你的恩典，我就是那天被妃子拔掉帽缨的人。"

那名军官说完之后，又冲到最前线奋勇杀敌，这一仗，楚国大获全胜，国势由此而强盛起来，楚庄王也因此成为春秋时期五霸之一。

一个宽容的人，能够对那些在意见、习惯和信仰方面与自己不同的人表示友好与接受，宽容最能够表现出一个人的耐心、明智与深谋远虑。

有些人很希望成为你的合作者和朋友，但如果你对人的要求很苛刻挑剔的话，你就容易失去这些合作机会与支持者。敞开心胸接受新观念和新资讯，往往可以使自己的知识更丰富，个性更完美，更具有想象力。如果一个人只会封闭自己，他就无法学到所接触到的所有新观念。如果我们能乐于接受新的观念、乐于对不同的声音表现出宽容，那么我们就能不断提高自己的精神境界。

全球最权威的商学院——哈佛大学商学院的必修课程中，有一部分专门研究非智力因素对一个人成功的影响。在这些非智力因素中，他们极为强调宽容，有些案例中突出体现了宽容对一个优秀的总经理和一个成功者所具有的价值。

宽容是美德，是友善、明智等高贵品质的体现，不仅对你的个人生活具有很大的价值.而且对你的职业生涯有重要的推动意义。更为有益的一点是，在人的性格中，宽容与否是你自己最能明显感受到的，因此也最容易加以改进。

　　在生活中利用宽容可以减少很多人与人之间的隔阂，可以让大家更好地沟通，彼此多一些体贴和关怀。

　　拥有宽容的美德，你的人生就是快乐、友善以及一张空白的纸，等待你重新涂抹五彩的人生篇章。

　　宽容不仅是事业成功的因素之一，也是平时待人接物的方法之一，不仅如此，我们应该认为大多数人都是宽容可爱的。

　　让我们试想，如果你对他人没有善意，毫不宽容，又怎能期望从他人身上得到友善的回报？

　　艾柏·赫巴是一个独具风格的作家，他那尖锐犀利的笔触常常引起一些人的强烈不满。但是他总是以十分巧妙地处理矛盾的方式，使他的敌人成为他的朋友。

　　有一次，一位读者来信把他痛骂了一顿，可以说是骂得狗血喷头。他反复把信读了好几遍，然后给这位读者写了一封回信。他在回信中说：

　　回想起来，我也不能全部同意自己的观点。我常常有这样的情况：昨天写的东西，今天就不一定很满意了。我很高兴知道你对我的作品的看法。在你方便的时候，欢迎你光临寒舍，我们还可以进一步交换意见。感谢你的诚意。

　　面对一个这样对待自己的人，你还能说什么呢？表面看来，艾柏·赫巴是在退让，实则他寥寥几语就征服了他的批评者，因此他是在以退为进。

　　当你是正确的时候，不妨试着用温和的、巧妙的方式使对方同意你的看法；而当你错了的时候，那就要迅速而诚恳地承认自己的错误。千万不要忘了：“用争辩的方法，你不可能得到满意的效果；用让步的方法，你的收获会比你预期的要多得多。”

　　这看起来有些消极，但效果却是积极的，正所谓“退一步是为了

进两步"，我们何乐而不为呢？

　　宽容不仅是事业成功的因素之一，也是平时待人接物的方法之一，不仅如此，我们应该认为大多数人都是宽容可爱的。无论是在我们的居住地，还是在工作场所。

　　住在加利福尼亚州的威勒·克洛斯里医师在他上医学院三年级的时候，那是个星期六的早上，学校的校长打算发表一个十分重要的医学演讲。年轻的克洛斯不想听那严肃无聊的长篇大论，只想逃课和一位漂亮的金发护士到郊外野餐。正当克洛斯里准备朗诵一首诗歌给护士听的时候，忽听得笃笃的脚步声，由远而近地传过来。克洛斯里医师很生动地把当时的情景描述出来：

　　"我一抬头，看见院长就站在我面前。他正和女儿到乡间来采集药草。我丝毫不敢动弹，也没有说什么话，只是吓得愣住了。院长蹙着眉头看看我，然后一语不发地走开。我整个人似乎瘫痪了一般，已经没有兴致再继续为护士朗诵诗歌了。我只担心自己会不会被学校开除。

　　"我回到学校，把当天的经过告诉那些弟兄们。大家都认为事态严重，大概不会有什么好收场。一位弟兄还拍拍我的肩膀说道：'也许，你命中注定不能当医师。'其他人则纷纷打听我是不是要把书本卖掉，价钱多少等等。那个周末，我真是度日如年，苦不堪言。

　　"到了星期一早上，我决定去找院长谈谈。我向他说：'院长，我是为上星期六的事来向您道歉，希望您原谅我的无礼。我没有起立，没有向您打招呼，我那时脑子是一片空白。'

　　"院长听了似乎觉得有趣，便说：'威勒，我在年轻时也做过这种事，没什么大不了的，不用放在心上。但最重要的是，你那天和女孩玩得高兴吗？'

　　"至此，我整个人才完全放松下来。我知道院长也是人，了解年轻人怎么过日子、怎么工作和游玩。也许，这就是他会担任院长的缘故吧！"

不错，克洛斯里医师，那正是院长之所以为院长的缘故。而且，那也正是许许多多的人，会用成熟的态度去找到幸福和成功的理由。

在人生的道路上，学会了宽容，你也就分辨了白昼与夜晚的不同。

心灵悄悄话
XIN LING QIAO QIAO HUA >>>

缺乏宽容之心，不利于自律功夫的培养，阻碍想象力的发展，妨碍正确的思考和推理。会使原本愿意和你做朋友的人变成敌人。

尊　重

　　不应该在小节处争论不休，即使你不同意对方意见，你最好仍要表示对对方意见中你所赞同的部分的看法，以便缓和一下谈话气氛，使对方觉得你并不是抹杀别人的一切。

　　每一个人都有着他的自尊心的，一个耶稣教的信徒，他相信人是由上帝造出来的。如果你用达尔文的进化论来反驳他，驳得他是哑口无言了，你当然是胜利了。可是，他虽然哑口无言，但未必就抛弃他自己的信仰。你对他的反驳使他难堪，他就会怀恨在心，于是和你结下了仇恨。这样的做法，你所得到的不过是一个眼前的口头上的胜利，而彼此的友谊，便就从此完结了。这对你究竟有了些什么利益呢？

　　我们在日常交谈中，为显示自己的才能，什么事都去争论几句，死钻牛角尖，往往就会陷入被动的局面。因为争论的结果，无论你是赢或是输，对于你都一样，还是输。聪明人终得要为自己的利益打算，只有傻子才会去干那遭人怨恨的勾当。

　　先来看一则傻子所发生的故事：

　　有A和B两位先生，A先生的性情非常固执，无论自己是怎样的错误，他都绝不肯认错。有一天，他们两人正在闲谈，无意中谈到了砒霜是一种有毒物质，而A先生偏说没毒，有时吃了还可以滋补身体。可是B先生无论如何反对着A先生的主张。但B先生越是反对，A先生就越是要为他的主张辩护。

　　他说医治梅毒的药品中就含有砒霜，但是注射到人的血管中去，人

并不中毒而死。据说乞丐冬天露宿街头，无法抵御寒冷时就吃一些砒霜，可不至于被冻死。

他举出了例子来为自己的主张辩护，而B先生则无论如何坚持着吃了砒霜要被毒死的。结果，A先生为使他的主张成立起见，所以对B先生说道："你不相信吗？那我们可以当场试验，我来吃给你看，到底我吃了砒霜之后会不会死。"

他们争论到了这一个地步，A先生说吃了不会死，B先生则偏说吃了一定死，A先生竟真的买了砒霜来预备吃给B先生看了。B先生到了这时候，深恐A先生真的中毒而死，所以竭力说着砒霜有剧毒，无论如何劝A先生不要冒险。然而，A先生为他的自尊心起见，他如何肯承认砒霜有毒而不吃呢？结果，B先生越是劝他不要吃，他越是要吃给B先生看，终于他是吃了，并且因此中毒身亡。

A先生B先生本来是好友，A先生死了之后，B先生深自悔恨，说当时不该和他这样地争辩。A先生的死，完全是他杀死了的；因为当时如果B先生自认自己的主张不对而去同意了A先生的主张，那么也不会闹出来人命了。

从上面的故事看来，A先生B先生两人都是傻子。因为，A先生自己牺牲了性命，而B先生也负了杀死A先生的罪名，他们俩都做了对自己不利的事，不是傻子是什么？如果当时他们两人中任何一个肯牺牲自己的面子，避免争论，这惨案便不会闹出来了。所以，他们两人都是傻子，傻子才爱去和人家争辩。

有人说，真理只有一个，自己的主张明明是对的，牺牲自己的主张而去同意人家，这不是牺牲真理而去服从谬误了吗？

其实不然，我们当然要拥护真理，我们当然不可以牺牲了真理去服从那不合理的主张。然而在某种场合，虽然表面上你是牺牲真理而去同意了谬误，实际上对于真理并不会有丝毫的损害。

生活中常会遇到一些专爱与人作对的人。对于那些与你唱反调的

人，你采取何种态度呢？通常，大多数人所采取的态度是：向对方展开反驳。

事实上，这种反驳是没有什么用处的。你之所以会对他展开反驳，是想让他持有与你相同的意见。从道理上讲，对于那些与你唱反调的人，似乎应该大规模地展开反击，以便把他们驳倒。不过，即使你做到了这个地步，效果又如何呢？

你必须冷静思考的是，你所希望的，并非彻底地去击败他，使他投降，而是欲使对方同意你的看法、意见，使他的观点与你一致。

有人反对你的意见时，你往往会认为那个人向你挑战了，甚至认为他瞧不起你。于是，你会更有力地鼓吹自己的想法及主张，藐视对方的想法及意见，并嗤之以鼻。

为了说服对方，改变他的意见及行为，必须冷静地把事实指示给他看，与他从容地交谈。当你与某人议论时，必须注意到一件事，那就是，在展开争论时，切勿情绪激动地大嚷起来，或采取其他激烈的态度。

针对这个问题，美国耶鲁大学的两位教授进行了一项实验。这两位教授耗费了7年的时间，调查了实际举行过的种种争论的实态。例如：店员之间的争执，夫妇间的吵架，售货员与顾客间的斗嘴等，甚至还调查了联合国的会议。

结果，他俩证明了凡是去攻击对方自我的人，绝对无法在争论方面获胜。相反，能够在尊重对方的人格方面动脑筋的人，则往往能够改变对方的想法，甚至能够操纵对方按自己的想法行事。

人们都有保护自己、避免被他人攻击的强烈冲动。当你对他人说："哪有那种荒谬透顶之事！"或者"你的思想有问题"之时，那个人为了保全自己的面子，并守住自己的立场，定会紧紧地闭起他的心扉。因而，与人展开议论之时，以采取冷静的态度为妙。

别人和你谈话时，他根本没有请你说教的打算，若你自作聪明，拿出更高超的见解，对方决不会乐意接受。所以不可随便摆出要教导别人

的姿态。你的同事向你提出一个意见时，如果不能即时赞同，最起码也要表示可以考虑，绝不可马上反驳。要是你的朋友和你谈天，你更要注意，太多的执拗会把一切有趣的生活变成乏味。遇上别人真的错了，又不肯接受批评或劝告时，别急于求成，往后退一步，把时间延长些，隔一天或两个星期再谈吧！否则大家都固执己见，不仅没有进展，反而互相伤害感情，造成隔阂。

无论一个人多么爱面子，除了极少数愚蠢的、狂妄的人外，几乎每一个人，都更喜欢忠实的朋友。许多人因为喜欢表示不同意见，因此得罪了许多朋友。所以常常有些人劝人不要表示出不同意见。这种看法是很片面的，而且也是不诚实的。只要你的办法是正确的，向别人表示自己的不同意见，不但不会得罪人，而且有时还会大受欢迎，使人有"听君一席话，胜读十年书"之感。

把自己的意见当作是绝对正确的，而别人的意见是愚蠢幼稚、荒诞无稽，那你就伤人了，而且伤得很厉害。因此，不应该在小节处争论不休，即使你不同意对方的意见，也最好要表示对方意见中有你所赞同的部分，以便缓和一下谈话气氛，使对方觉得你并不是在抹杀他的一切。无论你的意见和看法与对方的意见和看法距离多么遥远，冲突得有多么厉害，也绝对不要表现出一种无可商量的态度。如果你是一个善于谈话的人，你一定懂得小心地使谈话不要陷于僵局，使谈话能维持下去。

在说话时，别人最怕你是怎样的一个人呢？别人最怕你是个武断的人，什么都走向极端。认为自己所说的话，就是天经地义，一点也不能更改。为了让别人有考虑的余地，你要尽量缓和，最好能够避免使用"绝对是这样"的说法。你可以说："有时候是这样的，有些时候是那样的。"甚至你可以说："大多数人都是这样的，其效果比那样更好。"更重要的是，你不要用一种教训人的声调来说话，也不要用一种非常肯定的声调来讲话，以避免和别人争论，使别人不高兴，让人难于接受。

卡耐基曾建议一定要避免把"不同意"演变成"争论"："欢迎不同的意见。记得这句俗话：'假如两个合伙人的意见总是相同，则必有

一人是多余的。'假如有些观点你没有思虑到,那么应该感谢那个引起你注意的人。也许,这个不同的意见是修正你自己观点的机会,以避免造成严重的错误。"

心灵悄悄话
XIN LING QIAO QIAO HUA >>>

避免争论可以节省你的大量时间与精神,使你投入到完善和实践你的观点的工作中去。完全没有必要浪费太多的精神去干那种没有结果也毫无意义的事情。少了面红耳赤的争论,只会使双方互相尊重对方,从而增进友谊,有利于思想交流。

克 制

从不断练习克制、不断完善自己的人格中，你会享受到克制力量带给你的成功和喜悦，你会享受到生活的富足。

有一次，一名大富翁被邀请参加晚宴，主人因不胜酒力，席中醉醺醺地逃回自己的卧室。朋友想去照料一下，不料却在卧室门口意外发现，主人正站在镜子前喃喃自语："你怎么了？客人存心要看你的醉相取乐，你绝对不能输！你并没有醉，你已经清醒过来了，今天你是主人，你是不可能醉倒的……"

富翁不断地重复着这些话，随之，他的姿态不知不觉地挺拔起来。然后，他又昂首阔步地回到晚宴场所，振振有词地谈起他的事业计划。

这位富翁对镜子中的另一个自己诉说的做法是有心理学依据的。因为，自我控制的原则，首先就是能否客观地看自己。关于这一点，只要仔细观察那种精神异常的患者，就很容易得到说明。

病情较严重的精神病患者，无法客观地看自己，他们总是说："我没有疯，是他们把我当疯子。"所以，人们经常说："只要还能怀疑自己是否患有精神病的人，就绝对不是真正的精神病患者。"

能够驾驭自己的心灵的人，才能得到心灵上的宁静，得到精神上的自由。

能从精神上对自己进行自我控制，是人格完善的一个标志。

当你具有这种完美的人格时，你会发现，人格的力量能够帮助你走

向成功，走向幸福。

伟大的成就，伟大的事业，来之不易，整个创造的过程都贯穿着创业者的自制——对自己的某些欲望的克制和对阻挠着事业进展的各种事情做不懈的斗争。若没有这种克制和毅力的存在，许多成就无法取得。

年轻的鲍勃·琼斯在圣·安德路第一次参加不列颠公开锦标赛时，高尔夫球打得很糟糕。同时，他的情绪很不稳定，动辄发脾气，并不断的懊悔。当他打到第14个洞的时候，竟然盛怒之下一把扯下自己参赛的号码撕成碎片。幸而，他后来练习了抑制和忍耐的功夫，终于克服了焦躁不安的弱点，成为独步球坛的高尔夫高手。他不断完善了自己的品格，取得了事业的成功。

一个训练有素的人能够从掌握自己的能力中，得到这种自制能力和完善人格的极大力量，逐步减少内心的冲突，逐渐使自己的希望和自己的意志成为一体，并引导自己走向欢乐和成功。

即使是对日常小事，若我们仍然记得自我克制，也会让你受益匪浅。每个人总有这样或那样的习惯上的缺点，最平常的莫过于喜欢在闲聊中浪费光阴或沉湎于抽烟喝酒等不良嗜好，而一个有自制能力的人，不会让闲聊占去大部分时间和耗费精力，就会少抽根烟，少喝些酒，多做些实在的有益的事情。在你对某种嗜好产生一种狂热而这种嗜好又只会销蚀你的精力时，使出你的自制能力，将自己从这种恣情纵欲的生活方式拯救出来。

从不断练习克制、不断完善自己的人格中，你会享受到克制带给你的成功和喜悦，你会享受到生活的富足。

生活中非理性的因素很多. 我们常常会因为这些非理性的因素而控制不住自己的情绪、导致一些不应该的后果，为了更好地控制自己的情绪，我们应该先分析一下生活中常见的非理性因素。

你会发脾气吗？你知道什么时候应该发脾气，什么时候不应该发脾

气吗?

如果你在开车时,碰到别人从你身边一擦而过,呼啸一声,使你大吃一惊,你是否会破口大骂呢?很多人会因此发脾气,甚至为此不高兴一天。却不知,对方可能早已高高兴兴地开派对去。要化解不良情绪,我们不妨以风趣、温和的态度解释当时的情形:"这家伙,一定是老婆赶着去生孩子。"然后,一笑置之。

反之,忍不住发脾气一定是好的吗?比如,当你的孩子在念书时,隔壁的音响开得很大声,你只管忍耐,不去伸张权益,结果如何呢?这种情况底下,我们忍住不发脾气,也等于在纵容别人做不该做的事情。

生活中非理性的因素很多,我们常常会因为这些非理性的因素而控制不住自己的情绪、导致一些不应该的后果,为了更好地控制自己的情绪,我们应该先分析一下生活中常见的非理性因素。

1. 嫉妒

嫉妒使人心中充满恶意、伤害。如果一个人在生活中产生了嫉妒情绪,那么他就从此生活在阴暗的角落里,他不能在阳光下光明磊落地说和做;而是面对别人的成功或优势咬牙切齿,恨得心痛。嫉妒的人首先伤害的是自己,因为他把时间、经历和生命不是放在人生的积极进取上,而是日复一日地蹉跎之中。嫉妒同时也会使人变得消沉,或是充满仇恨;如果一个人心中变得消沉或是充满仇恨,那么他距离成功也就越来越遥远。

2. 愤怒

愤怒使人失去理智。不可抑制的愤怒,会使你失去解决问题和冲突的良好机会。而且一时冲动的愤怒,可能意味着事过之后付出高昂代价来弥补。在实际生活中,愤怒导致的损失往往可能是无法弥补的。你可能从此失去一个好朋友,失去一批客户;你可能从此在领导眼里的形象受到损害,别人也从此开始对你的合作产生疑虑。

愤怒时最坏的后果是,人在愤怒的情绪支配下,往往不顾及别人的尊严,并且严重地伤害了别人的面子。损害他人的物质利益也许并不是

太严重的问题，损害他人的感情和自尊却无异于自绝后路，自挖陷阱。如果你心中的梦想是渴求成功，那么，愤怒是一个不受欢迎的敌人，应该彻底把它从你的生活中赶走。

3. 恐惧

过分的担忧可能导致产生恐惧，而恐惧则使人学会回避、躲藏，而不是迎接挑战，克服困难。

对某些事物的恐惧情绪，可能来自缺乏自信或自卑。一次失败的经历或尴尬的遭遇都可能使人变得恐惧。比如，经历过一次在公众面前语无伦次的演讲，可能使此人从此恐惧演讲，这无疑使他在生活中凭空少了许多机会，本来可以通过一番演说和游说来获得的成功机会将从手指缝里溜走。

4. 抑郁

成功路途中最可怕的敌人是抑郁。如果说别的消极情绪是成功路上的障碍，使成功之路变得漫长和艰险，那么。抑郁根本就是成功路上的南辕北辙。克服别的情绪问题可能只是个修养和技巧的问题，克服抑郁却相当于一项庞大的工程，它需要彻底改变你的生性：从认知、态度到性格、观念。

5. 紧张

适度的紧张使我们能集中精力，不致分神。但过度紧张却会使我们长期的努力付诸东流。本来设想和规划得很好的语言和手势，一紧张便会忘得一干二净。过分的紧张使人变得幼稚可笑：脸色发白，或涨得通红；双手和嘴唇颤抖不已；冒着冷汗；心跳剧烈，甚至使人感到心悸；呼吸急促；语言支离破碎。这样的情形使你宛若一个撒谎的幼童。

6. 狂躁

狂躁容易给人以一种假象，仿佛他很精力充沛、说话和做事都那么有感染力，显得咄咄逼人。初次接触狂躁者时，许多人都会产生错误的感觉，以为他是多么的具有活力和使人感动；可是随着时间的推移和了解的加深，你就会发现狂躁者其实不过是一张白纸。他的谈话没有深

度；他行事缺乏条理和计划性；他说过的话转眼就会忘记；交给他的任务也不会受到认真对待。

7. 猜疑

猜疑是人际关系的腐蚀剂，它可以使触手可及的成功机会毁于一旦。莎士比亚在他那出著名的悲剧《奥赛罗》里面十分生动和深刻地刻画了猜疑对成功的腐蚀。爱情因为猜疑而变得隔阂，合作因猜疑而不欢而散，事业因猜疑而分崩离析。

心灵悄悄话
XIN LING QIAO QIAO HUA >>>

人类不断地想方设法去控制地球的其他生灵，去证服自然，证服海洋和天空，那么，也应该不断地学习克制自己，那些追求生命完美的人是不会放弃对自己的驾驭的。

赞 美

成廉·詹姆斯说过："人性深处最大的欲望，莫过于受到外界的认可与赞扬。"我们一定不要吝于赞美别人。

赞美是一种重要的为人处世手段，它能在瞬间沟通人与人之间的感情。任何人都希望被赞美，威廉·詹姆斯说过："人性深处最大的欲望，莫过于受到外界的认可与赞扬。"赞美还可以激励人们不断进步，激发人们的上进心。一定不要吝于赞美别人。

戴尔·卡耐基常说："称赞别人。每个人都有可赞美之处，只要用真诚目光注意一个人，准会发现他身上的优点所在：美丽、健壮、聪明、稳重、勤劳等等。"

承认别人长处的同时，也说明了自己虚怀若谷。出于好感和善意，堂皇大方地赞美几声并不有失身份。

赞美的效果常常出乎你的所料。即使是简单几句的赞叹，也让人感到心理上的满足。马克·吐温曾说："一句精彩的赞辞可做我的十天干粮。"莎士比亚也说："称赞，即是我的薪俸。"名家大师竟毫不掩饰赞美带来的喜悦，何况我们这些凡夫俗子呢？

如果一个人的长处得到别人的肯定，他就会感到自我价值得到确认，产生"自己人效应"。心理学家证实："心理上的亲和，是别人接受你意见的开始，也是转变态度的开始。"有时，赞美以高于实际的期望形式出现，但维护了对方的自尊心，又能促使其为达到更高自我而努力。

但是，如果你以漫不经心的态度，向对方说一些虚情假意的赞美，

对方非但不接受你的心意，反而会对你产生虚伪的不良印象。因此，诚恳认真的表情是改变对方心理的重要策略，纵然所说的话的确与事实稍有出入，但是只要极具诚意地表示，对方仍会相信这是你由衷之言，对你就会产生良好印象，这是不证自明的道理。

赞美有时候没有必要刻意修饰，只要源于生活，发自内心，真情流露，就会收到赞美之效。当你准备要赞美时，首先要掂量一下，这种赞美，对方听了是否相信，第三者听了是否不以为然，一旦出现异议，你有无足够的理由证明自己的赞美是有根据的。要当心，赞美只能在事实的基础上进行，不可浮夸。

在以认真的表情来给人面子、赞美对方时，有时还必须把干脆又果断的说法及语气派上用场。好比说，在与他人打招呼寒暄"你看起来容光焕发，神采奕奕"之后，马上再加上一句"看起来比你的实际年龄年轻多了"，相信对方必然会有一种满足感，对你也会产生良好的印象。喜欢被人赞美年轻，是人之常情。

但是，如果对方是60岁的人，你要说"你看起来像40岁的样子"，对方一定会吓一跳。为了避免让对方产生被愚弄的不悦感，在赞美对方年轻时，你还必须先奠定对方的心理状态。如果对方确有40岁的心理状态，再加上你认真的表情，即使对方很清楚这仅是礼貌性并非真实的赞美，他依然会被你的诚意打动而深感愉悦。

除真诚外，具体、深入、细致的赞美则更易引起对方内心深处的"共鸣"。若称赞一个初次见面的人说："你给我们的感觉真好。"这句话一点作用都没有，说完便过去了，不能给人留下任何印象。挖掘对方不太显著的、处在萌芽状态的优点，发掘对方的潜在美，增加对方的价值感，这样赞美的作用才会更大。

缺乏热诚的空洞的称赞，不能使对方高兴，有时还会由于你的敷衍而引起反感和不满。"嗯，你这条围巾挺漂亮。"谁都明白这是一种敷衍。若具体地说："这条围巾挺漂亮的，和你衣服的颜色搭配起来很协调。"显然比空洞的赞扬有吸引力一些。

　　赞美之所以对人的行为能产生深刻影响，是因为它满足了人的自尊心的需要。赞美是对个人自我行为的反馈，它能给人带来满意和愉快的情绪体验，给人以鼓励和信心，让人保持这种行为，继续努力。赞美也是一种有效的激励，可以激发和保持一个人行动的主动性和积极性，做一个赞美的高人。

　　在人际交往中，得体的赞美，是一种拉近关系，消除隔阂，增加双方亲近感的奇妙的"润滑剂"。

　　谁不喜欢听别人说自己的好话？谁不想别人经常赞美自己？赞美可以给平凡的生活带来温暖和欢乐，令世上所有的噪音都化为音乐。有时候，适当的赞美，还可以在争吵中浇灭对方的怒气，达到制止争吵的效果。

　　有一妻子虚荣心特别重，当夫妻商量出席友人婚礼时，她缠着丈夫要买一种昂贵的花帽。此时正值家里闹经济危机，丈夫自然不肯答应花这笔钱。争吵中，妻子赌气地说："你看我朋友莉莉和琳达的丈夫多大方，早就给她们买了这种花帽，哪像你，小气鬼！"丈夫没有争论，却故意夸张地说："可是，他俩的妻子有我妻子漂亮吗？我敢说，她们要有你这么美丽，根本也不用买帽子装饰了，是吧？"妻子转怒为喜，一场争吵就这样避免了。

　　在人际交往中，得体的赞美，还是一种拉近关系，消除隔阂，增加双方亲近感的奇妙的"润滑剂"。由于它能使别人获得自尊心和荣誉感的某种程度的满足，从而有效地削弱了抵触与对立的情绪，这就同时增强了双方的理解、信息和亲近感。双方交际的效果就会发生变化而取得较好的效果。

　　那么，应该怎样在交往中运用这根神奇"魔棒"呢？

　　首先，赞美要自然、顺势，不必刻意为之，太刻意会显得另有所图，可能对方不领情，反而弄巧成拙！

其次，赞美要看对象，爱美的女孩子就赞美她的打扮；有小孩的母亲，最好赞美她的小孩，慈母眼中无丑儿，赞美她的小孩聪明可爱准没错！工作型的女孩子除了外表之外，也可赞美她的工作绩效！至于男人，最好从工作下手，你可称赞他的智力、耐力。

另外，用语不要太肉麻，能表达你的意思就可以了，而且也不宜太夸张，太夸张也会成为挖苦。一般来说，不错、很好、我喜欢之类的用词就够了！

此外，也不必用大嗓门赞美，这反而变成酸葡萄，有挖苦的味道了！最好是私下向对方表示你的看法，这种表示方法也比较容易造成双方情感的共鸣！

最后，多赞美小人物，当他们有一点小表现，赞美他们两句，你一定能够收买他们的心，因为他们平常欠缺的就是赞美！

总之，每个人都希望得到他人的承认和赞美，抓住这一心理，你就可以赢得良好的人际关系。

心灵悄悄话
XIN LING QIAO QIAO HUA >>>

随着人际交注的扩大，人与人之间的交注互动大量增多，交际难度也随之增大。而赞美，恰能起到润滑剂的作用，犹如一湾甜美的溪流注入心灵干涸的河床。所以说赞美是愉快的开始，交际的启动器。

勇 气

要有冒天下之大不韪的勇气，简言之，就是要有冒险精神，冒险精神不是探险行动，但探险家的行动必须拥有足够的冒险精神。

一说到冒险精神，人们就会联想到发现美洲新大陆的哥伦布：

哥伦布年轻的时候，曾经有过海盗的生活，这不是值得惊奇的事。因为当年一些家庭，都愿意把孩子送到海盗船上去工作，孩子可以增长一点见闻，尝尝人生磨难，而且还可以多赚一点钱。在他们看来，这种事情不被官方捉住，也就无所谓羞耻与卑贱，要是不幸地被逮着了，也只好自叹命运不济了。

哥伦布在求学的时候，偶然读到一本毕达哥拉斯的著作，知道地球是圆的，他就牢记在脑子里。经过很长时间的思索和研究后，他大胆地提出，如果地球真是圆的，他便可以经过极短的路程而到达印度了。

自然，许多有常识的大学教授和哲学家们都耻笑他的说法。因为，他想向西方行驶而到达东方的印度，岂不是傻人说梦话吗？

哥伦布对这个问题很有自信，只可惜他家境贫寒，没有钱让他去实现这个冒险的理想，他想从别人那儿得到一点钱，助他成功，但一连空等了17年，还是失望，所以，他决定不再向这个"理想"努力了。因为使他忧虑和失望的事情太多了，他的红头发也完全变白了，当时他还不到50岁。

灰心的哥伦布，这时只想进西班牙的修道院，去度过后半生。正在这时候，罗马教皇却怂恿西班牙皇后伊莎贝露帮助哥伦布。皇后赞赏哥伦布的理想，并答应赞助他船只，让他去从事这种冒险的工作。但是没有一个水手愿意跟随他干这种一定会送命的事，哥伦布鼓起勇气跑到海滨，捉住了几位水手，先向他们哀求，接着是劝告，最后用恐吓的手段逼迫他们去。另外，他又请求女皇释放了狱中的死囚，允许他们如果冒险成功，就可以免罪恢复自由。

1492 年 8 月，哥伦布率领三艘船，开始了一个划时代的航行。刚航行了几天，就有两艘船破了，接着又在几百平方公里的海藻中陷入了进退两难的险境。他亲自拨开海藻，船只才得以继续航行。在浩瀚无垠的大西洋中航行了六七十天，也不见大陆的踪影，水手们都失望了。他们要求返航，否则就要把哥伦布杀死。哥伦布兼用鼓励和高压的手段，总算说服了船员。

天无绝人之路，在继续前进中，哥伦布忽然看见有一群飞鸟向西南方向飞去，他立即命令船队改变航向，紧跟这群飞鸟。因为他知道海鸟总是飞向有食物和适于它们生活的地方，所以他预料到附近可能有陆地。果然他们很快发现了大陆。

当他们返回欧洲报喜的时候，又遇上了四天四夜的大风暴，船只面临沉没的危险。在十分危急的时候，他想到的是如何使世界知道他的新发现，于是，他将航行中所见到的一切写在羊皮纸上，用蜡布密封后放在桶内，准备在船毁人亡后，使自己的发现能够留在人间。

哥伦布很幸运地脱离了危险，胜利返航了。无须赘言，哥伦布如果没有不怕困难、不怕牺牲、勇往直前的冒险精神，新大陆就不可能到达。

可惜，哥伦布至死都不知道自己发现的是美洲新大陆，他还以为，自己只不过是发现了一条到达印度的新航路而已，所以把美洲红皮肤的土人，称为"印地安人"。

哥伦布那种无畏、勇敢和百折不回的精神，真值得作为我们的模

范。当水手们畏惧退缩的时候，只有他还要勇往直前；当水手们"恼羞成怒"警告他再不折回，便要叛变杀了他时，他的答复还是那一句话："前进啊！前进啊！前进啊！"

通常情况下，我们不会像哥伦布那样，去做毫无保障的事情。我们热衷于自己安逸的生活，讨厌变化不定。然而，却有很多来源于那些不相干的生活经历所造成的疑虑给我们带来困扰。如果在童年时，一连三个夏天你都没有做成柠檬汁，这并不意味着你现在无法成功地经营自己的企业。如果怀疑自己的能力，请记住剧作家尼尔·西蒙说过的话："如果没人敢于冒险，米开朗琪罗就只会在罗马教皇的小礼拜堂的地板上作画。"

"接受勇敢，勇于冒险。"这是美国青年创业训练营每年招授新学员时的一句忠告。

在训练营中，经常弥漫着一股尖锐的"杀伐"之气。这些青少年在种种场合中个个都想出人头地，崭露头角。老师们把课程排得非常紧凑而有趣。每一周都举行余兴节目，每一个人都要学习如何表现自己，怎样使他们感到快乐，把握自己的个性使能吸引众人。

在这样一个自励过程中，所有青年都在全心全力地表现自我、发展自我。来这里受训的学员能体验到生命的各个方面都充满趣味。还有什么地方更能让男孩子或女孩子体会到生命的新境界呢？训练营的格言是："随时随地，表现自我，倾尽心力！"随着训练项目，他们尽其所能地生活着，光荣地完成训练。

对一个奉献自己的人来讲，生活是一种光荣的冒险事业。

一早从床上跳下来就充满着战斗力，面对可能使你沮丧的人或环境，那你是走在胜利的路上了。因为只要你肯于对问题采取积极的态度，你的问题就已经解决了一半。只要你使出更大的心力，胜利就会提早来临。

你也许会问，如何冒险？

首先你要承认积极进取的生活可以改变人生整个的面貌。大多数人都是忧虑、恐惧的牺牲者：怕生病、怕过苦日子、怕失去现有职业、怕失败。但你必须了解勇气之中就含有忧虑和恐惧成分，关键在于如何去克服它。当你敢于向忧虑和恐惧进攻，那就说明你已经控制了忧虑和恐惧，不再为其所控制了。

人为什么要冒险？因为你不冒险就永远不会有胜利。每一个人心里都希望自己成为某种人物，能达到某种境界。问题在于，很多人总是坐等机会来临，机会是不会光临守株待兔的人的，只有进取的人才能抓到机会。

或许你现在会说："说得很好，但是我的环境不同，不允许我去冒险。"这种观念就是你最大的敌人。你在这种情形之下，更应当冒更大的险，愈是平平庸庸的人生愈需要冒险。你的弱点要靠坚强的行动来治疗它。不妨作出出人意料的事，必要时破窗而出。现在就开始！

冒险要求勇敢，但并不是鲁莽。成功者首要的是目的明确，在目标召唤下勇敢地去做、去冒险。

要求永远不犯错，正是什么也做不成的原因。因此，你需要改掉的是一整套的习惯。首先，遇到有小事要决定的时候，练习"快动作"。譬如说，决定看哪一部电影、写什么信、要不要买某一件外套。电影只用五分钟决定，信用一小时，外套大约二三小时。

当然比较重大的事不能如法炮制，不要在有限的多少小时或分钟之内决定婚姻、生子、投资之类的问题。不过，平时多采用快动作，可培养面临重大事项时的决断力。

有一年，美国的但维尔地区经济萧条，不少工厂和商店纷纷倒闭，被迫贱价抛售自己堆积如山的存货，价钱低到 1 美元可以买到 100 双袜子。

那时，约翰·甘布士还是一家织制厂的小技师。他马上把自己积蓄的钱取出收购低价货物，人们见到他这股傻劲，都公然嘲笑他是个

蠢材!

约翰·甘布士对别人的嘲笑漠然置之,依旧收购各工厂和商店抛售的货物,并租了很大的货仓来贮货。

他妻子劝说他,不要把这些别人廉价抛售的东西购入,因为他们历年积蓄下来的钱数量有限,而且是准备用作子女教养费的。如果此举血本无归,那么后果不堪设想。对于妻子忧心忡忡的劝告,甘布士笑过后又安慰她道:"3个月以后,我们就可以靠这些廉价货物发大财。"甘布士的话似乎兑现不了。过了10多天后,那些工厂贱价抛售也找不到买主了,便把所有存货用车运走烧掉,以此稳定市场上的物价。

太太看到别人已经在焚烧货物,不由得焦急万分,抱怨起甘布士,对于妻子的抱怨,甘布士一言不发。

终于,美国政府采取了紧急行动,稳定了但维尔的物价,并且大力支持那里的厂商复业。

这时,但维尔地区因焚烧的货物过多,存货欠缺,物价一天天飞涨。约翰·甘布士马上把自己的库存货物大量抛售出去,一来赚了一大笔钱,二来使市场物价得以稳定,不致不断暴涨。

在他决定抛售货物时,他妻子又劝告他暂时不忙把货物出售,因为物价还在一天一天飞涨。他平静地说:"是抛售的时候了,再拖延一段时间,就会后悔莫及。"果然,甘布士的存货刚刚售完,物价便跌了下来。他的妻子对他的远见钦佩不已。

后来,甘布士用这笔赚来的钱,开设了5家百货商店,很快甘布士成了全美举足轻重的商业巨子。

"幸运喜欢光临勇敢的人,冒险是表现在人身上的一种勇气和魄力。"请相信这句话吧!无数个甘布士的例子都充分说明了这点。更何况冒险与收获常常是结伴而行的。险中有夷,危中有利。要想有卓越的结果,就要敢冒风险。

如果你总是要等到事情十拿九稳的时候才做出决定,那么你就有可

能永远停滞不前。事情弄错总是难免的，聪明的人会时常注意观察这种意外的不幸，并且想方设法去预防它们的发生。沃纳梅克说过："想要等到资本积蓄够了才去做生意的人，肯定做不出什么大生意来的。"

心灵悄悄话
XIN LING QIAO QIAO HUA >>>

我们想要的东西必须靠自己的勇气和努力来争取。而这恰恰需要我们去冒险，冒险就是一种较量。它的要点是：训练自己的勇气，直到你能感到一种坚定的自信为止。

谦　虚

　　谦虚作为一种美德，懂得谦虚的人往往能得到别人的友善和关照，从而为将来的事业的成功打下良好基础；作为一种处世态度，也是每个人走好人生之旅的必备态度。

　　为人是否谦虚，对于人际交往的成败有重要影响。谦虚造就了很多伟大的人物，有人称孔子为"天生圣人"。孔子却不敢以此自居。他说："三人行，必有我师焉，择其善者而从之，其不善者而改之。"

　　为了学习，孔子跑到洛邑去拜老子为师，衷心向他请教。"良贾深藏若虚，君子盛德容貌若愚。"这是老子教诲孔子做人的道理。意思就是说善于做生意的商人，总是隐藏其宝货，不令人轻易见之，而君子之人，品德高尚，而容貌却显得愚笨。两位至圣先哲向我们昭示了一个道理：谦虚既是一种策略，又是一种处世态度，更是一种美德。

　　唐太宗谦虚待下，故能团结广大将士，为之奋战沙场，打天下；因他谦虚待下，故群臣敢说话，而他能纳谏，改正错误，做出正确决策，因而国治民安。唐太宗谦虚是自觉的。这是因为他对谦虚的意义和作用有正确的认识。他即位后的第二年，曾对待臣说："人们都说天子要树立尊严，无所畏惧，我则认为天子最应该谦恭，……否则如果天子有什么做得不对的地方，谁敢指责批评……"

　　人不会因谦虚而使其名声受损，反而更加显扬，同时也能得到别人的敬仰和尊重，而乐于与其亲近。

"大树将军"是东汉时人们对冯异的称誉。冯异为人谦让不夸己功，行时与诸将相遇，常令驾车者避开让路。每次战斗后，休息时，诸将并坐谈论战功，冯异都不参与，常默默地独坐树下，故军中号为"大树将军"。击破王郎后，敌军归降，重新整编部队时，将士都争着要求编入"大树将军"冯异的麾下，因此刘秀更器重他，委以军事重任。他曾率军打败王莽手下的大将朱鲔，追到洛阳而返。他与诸将共劝刘秀即帝位。冯异被封为阳夏侯，任征西大将军，在崤底战败赤眉起义军。后率军进攻隗嚣子纯，因病死于军中被谥为节侯。冯异对东汉王朝是有开国大功的，但他始终谦虚不言己功，刘秀也不忘其功，曾下诏誉他："将军之于国家，义为君臣，恩犹父子。"可见刘秀对他是何等亲信。

春秋时齐相晏子的谦虚和他的车夫的自满形成了鲜明的对照：

有一天，齐国丞相晏子乘车出外，他的车夫的妻子从门缝窥看：见她的丈夫给丞相驾驶盖有大罗伞的车，鞭策拉车的四匹骏马，神气得很。及丈夫驾车回家，她对他说要离开他，丈夫问为什么，她说："晏子长得矮，当上齐国丞相，名声显赫于诸侯，我看他为人有志气，谦下待人。而你虽长得高，只是驾车的仆人，而你却如此自满，洋洋得意，所以我要离开你。"妻子的批评，使他认识了自己的缺点，从此，态度变得谦逊了，晏子问其故，车夫如实相告，晏子就推荐他为大夫。

晏子确是个最谦虚的人，不只车夫的妻子敬佩他，时人也都是有口皆碑的。他的谦虚主要表现在：一是在生活上知足，始终保持俭朴，对封邑赏赐都坚决拒绝。如有一次晏子奉命出使到晋国，齐景公因晏子住宅简陋，便拆邻居住宅以扩建晏子住宅，晏子回时住宅已建好了，晏子先拜谢景公所赐，然后拆掉新宅，重新照原样修建邻居的住宅，请邻居都搬回来住。可见晏子是多么谦虚，决不干损人利己之事，正因此，他得到人们的敬服。如果住拆掉邻居的住宅所扩建的新宅，邻居的人将会永远怨恨他。二是谦卑待人。有一次，晏子出使晋国时到中牟邑，遇见

囚犯越石父，知他贤便赎其身并载之归。到家忘记跟越石父打招呼便进去了，越石父怒其非礼，请跟晏子绝交。晏子谦卑地向他谢罪，待之为上宾。本来有恩于人就会骄傲，而晏子施恩于越石父却得不到他的感激，反而因一时疏忽而挨批评，他不仅不发火，却能屈己礼下之，如非谦虚的人是不能如此待人的。三是在功业上常自谦永远不满足。梁丘曾说他至死也赶不上晏子的功业，晏子说："他听说，肯干就有成，肯走就能到达目的。他没有什么不同人的地方，只是不断干而不放弃，经常走而不休息罢了。"晏子虽贵为丞相而不自满，坚持"常为常行"，故有大成就，使上下佩服，誉满诸侯。

然而，谦虚和虚伪有着本质的不同，谦虚是人的美德，其重心表现就是能正确看待别人，虚心向别人学习，谦虚的人善于发现别人的长处和优点，主动取长补短，汲取营养，然而，虚伪的表现是表里不一，口是心非，其根本就不是什么谦虚过度。

心灵悄悄话
XIN LING QIAO QIAO HUA >>>

谦虚作为一种美德，懂得谦虚的人往往能得到别人的友善和关照，从而为将来的事业的成功打下良好基础；作为一种处世态度，也是每个人走好人生之旅的必备态度。只有谦虚，才会不断地要求上进，才会妥善地处理好自己与他人的关系，才会使别人器重你，才能达到你所要的目的。

第二篇 >>>

完美心态享受幸福生活

　　任何感应器的质量优劣，都取决于它对被感应物体的感应灵敏度。生活态度就像是幸福的"感应器"。人生态度的积极与消极，决定着一个人享受幸福的多少，不管他是贫穷还是富有，也不管他是官居高位，还是处于社会的最底层。

　　一个积极心态者常能心存光明远景，即使身陷困境，也能以愉悦和创造性的态度走出困境，迎向光明。积极心态能使一个懦夫成为英雄，从心志柔弱变为意志坚强。在人的本性中，有一种倾向：我们把自己想象成什么样子，就真的会成为什么样子。

保持良好心态，享受幸福生活

生活中，许多人认为，人生就是拼命挣钱，当积蓄能够满足自己的挥霍后，幸福的人生才会拉开序幕。而在这之前，就要不停地拼搏和奋斗，直到精疲力竭的那一天。

人是幸福的享有者，也是幸福的制造者。幸福的获得，在很大程度上要靠自己调整心态。在调整心态中制造快乐，在调整心态中体验快乐，在调整心态中享受快乐。因为享有和制造幸福的过程，也是不断进行自我心理调整的过程，通过有效的心理调整，使自己始终保持一种平和的心态，去真切地感受自己本该享有的幸福。

生活中，人们往往有这样的切身体会，看待一件事情，出发点不同，最后得到的结论也不一样。而对于幸福也是如此，同样的生活，对于不同的人却有不同的感受。

她已经92岁高龄了，身材娇小但仪态自若，略带几分矜持。她每天早晨都在8点钟前穿戴完毕，头发做成时髦的样式，面部的化妆也是十分精致完美，而她实际上已经双目失明。

今天，她要被送进一家养老院。她70岁的丈夫前不久去世了，她不得不住进养老院。

在养老院的大厅等候了数小时，当有人告诉她，她的房间已准备就绪时，她的脸上露出了甜甜的笑容。她转动步行器进入电梯，护士对她那小小的房间进行了一番描述，包括挂在窗户上的镶有小圆孔的窗帘。

"我真喜欢！"她说道，流露出的热情简直和一个8岁的孩子得到

一个新的小狗一样。"琼斯夫人，您还没有看到房间……"

"这和看不看没有什么关系，"她回答，"快乐是你事先决定好的：我喜欢不喜欢我的房间并不取决于家具是怎样安排的，而在于我怎样安排我的想法。我已经决定喜欢它……"

"这是我每天早晨醒来后做的决定：我可以选择接受变化，并在种种变化中寻找最佳；我还可以选择担忧那些可能永远不会发生的'假如'；我可以整天躺在床上，琢磨我身体哪些部分不灵了，给我带来这样或那样的困难；我也可以从床上起来，对我身体还有许多部位能工作心怀感激。每一天都是一份礼物，只要我睁开眼睛，我就决定不去老想那些已经'发生在我身上'的事情，而是专注于我已使之发生的事情。

"我有 5 条简单易行的快乐法则：

1. 心中不存憎恨。

2. 脑中不存担忧。

3. 生活简单。

4. 多点给予。

5. 少点期盼。"

世上本来都是快乐的事情，所谓痛苦都是自己内心产生的。正如法国杰出作家罗曼·罗兰所说："一个人快乐与否，决不依据获得了什么或是丧失了什么，而只在于自身感觉怎样！"年轻的著名指挥家彭家鹏对此也深有体会。彭家鹏早年在上海音乐学院和中央音乐学院学习作曲和指挥，被认为是很有天赋的青年指挥家。可在获得硕士学位之后，他却出人意料地告别了音乐。为什么？因为音乐家"太穷、太苦"。他来到香港，成为一名地道的商人，一身名牌，出入商界名流之间，赚了很多钱，但他感到自己并不快乐。终于，他重新选择了音乐，报名参加第35届国际康德拉申指挥大师班，被破格录取，并荣获"康德拉申大师班奖"，后又申请到乌克兰国际指挥大师班学习，并以第一名毕业。彭家鹏重新拿起指挥棒，成为中国广播民族乐团艺术总监，告别了锦衣玉

食的生活，又回归到简单朴素的生活中来。这时，他才最终找到满足与快乐。

其实在生活中，我们在很多情况下不是被事情本身所困扰，而是被对事情的看法所困扰，正如古希腊哲学家德谟克利特所说："幸福不在于占有群体，也不在于占有黄金，它居住在我们的灵魂之中"。

有的人大富大贵，别人看他很幸福，可他也有自己的烦恼，似乎是身在福中不知福，心里老觉得不痛快；有的人，别人看他离幸福很远，他自己却时时与快乐邂逅。因此，只有我们摆正了心态，做好自己的工作，才会很容易享受到属于自己的那一份快乐和幸福。

心灵悄悄话

XIN LING QIAO QIAO HUA >>>

保持良好心态、享受幸福生活、营造完美人生不仅是生活技巧的问题，更是思想的问题。你自己的心态就是你真正的主人，要么是你去驾驭生命，要么就是生命驾驭你。你的心态决定了你的坐骑。

及时清除消极思想

当你停止一天的工作的时候，就不要再去想着工作的事了。当你锁上你的办公室或工厂大门的时候，就要把自己的事业也一并锁起来。不要把工作中的烦恼、疲惫的感觉一起带回家，否则，那将破坏你夜晚的好梦。

有些人躺下的时候，就好像沙漠中的骆驼驮着驼峰一样在肩上驮着沉重的"包袱"。他们好像不知道怎样卸下身上的"包袱"，晚上的大部分时间他们都在想着一些烦人的事。如果你在晚上经常紧张的话，那么给你一个建议：在你的卧室里挂一张弓，这样每天你都要给弓松弦以保持弦的弹性，从而可以同时提醒自己放松自己的神经。印第安人就很懂得保护他们的弓，只要不用弓的时候他们就会把弓的弦放松以保持它的弹性。

如果一个人在一天辛苦的工作后，晚上回到家中还整夜不停地想着工作的事，那么他就不可能休息得很好，早上起床的时候还是会很疲倦。这样他就不可能保持清醒的头脑，精力充沛地进行工作，他的工作能力就会下降。就好比一匹第二天就要参加比赛的马在头一天晚上一直不停地奔跑一样，第二天肯定拿不了冠军。在这种情况下做事，即使你有着拿破仑一样的能力，你也不可能获得成功。

我们只有在晚上停止大脑的胡思乱想，才能防止我们消耗生命、浪费我们宝贵的生命活力。很多人都有这种不好的习惯——晚上胡思乱想，而且他们总是在就寝后还为了一些琐屑的麻烦事而烦恼，这种不良的习惯很难被改掉。

保持身体健康的一个前提条件就是不要在晚上谈论对人有刺激的工作上的麻烦事，更不要在就寝前谈论，因为这种刺激即使在人睡着了以后也会在人的头脑中保留很长时间，从而影响人的神经系统。

如果一个人在晚上还担心这担心那的话，那么他在晚上衰老的速度要比白天快。白天，忙碌的工作会使人无暇去考虑生活中的不幸和工作中的麻烦。但是一旦人们回到家中躺在床上，所有的烦人的事就会令人恐怖地占据他们的头脑。

精神上的不和谐将会损害人的活力，减少人的勇气，降低人的寿命。生命是如此的短暂、如此的宝贵，因此我们不能把生命浪费在这些腐蚀思想、损害健康的事情上。晚上人们的想象能力尤其活跃，而且在寂静的晚上想象力会夸大所有的事，所以一切不高兴的事在晚上的影响程度都要比在白天大得多。我们都有过做梦的经历，梦中出现的大多是我们生活中曾唱过的歌曲或者经历过的印象深刻的情景。从中我们可以看出事物给人留下的印象对人的影响是多么的大。我们也不得不承认，保持好的心情入睡是多么的重要。我们应当在入睡前把心态平静下来，保持安静平和，如果可能的话最好带着微笑入睡。千万不要皱着眉头、带着愤怒的表情入睡。抚平皱纹，把所有不开心的事扔到一边，不要带着任何对别人的批评、嫉妒和不满入睡。

当你心情不好或被人恶意挑衅时，你就会对别人产生敌意，而这对你的健康非常不利。但只要这种刺激一消失，这种感觉也就会随之消失。神经系统所承受的痛苦将对你的健康产生非常大的不良影响。因此，在每天的 24 个小时内，你至少有一段时间要对整个世界保持平和的态度，你更不能在睡觉的时候把不开心的事情深深印刻在头脑之中。

当我们心情烦躁而又不得不面对许许多多辛苦的工作时，我们的火气就会很大，时常会很不友好地对待别人。但是，一旦你远离了那些惹你生气和跟你有敌对情绪的人，自己一个人的时候，你就应该抛开那些不开心的想法和不高兴的感受。

如果你想在清晨起床的时候有一种脱胎换骨的感觉的话，那么你至

少要在就寝前保持一种积极乐观的情绪，忘掉所有的烦恼。如果你在睡觉的时候头脑中充满了忧虑和压力，情绪很坏，那么你在第二天早晨起床的时候就会觉得很疲惫，大脑缺乏活力，思维的活跃性会大大降低。这是由于你的血液中充满了不和谐的情绪，从而不可能对大脑进行清洗。

如果在睡觉前你还对某些人某些事耿耿于怀，那么希望你能用一些乐观、善良、慷慨大方的想法来代替，把不好的想法彻底清除掉。如果你养成了这种每天在睡觉前清空自己头脑的习惯的话，那么你在熟睡的时候就不会被讨厌的梦境所打扰，这样你在第二天清晨的感觉就会非常之好。

在睡觉前把思想的房子整理干净，把给你带来痛苦的事、令你不高兴的事、你所不期望的事和所有生气的、怨恨的、嫉妒的、自私的、邪恶的想法统统扔到一边。别再让他们的负面影响侵蚀你的思想。当你清空了这些头脑中的垃圾之后，应当用高兴的、甜美的、有帮助的、有鼓励作用的以及积极向上的思想重新填充进去。

相信每个家庭都会认为晚上开心的沐浴一次是很重要的，但是精神上的洗礼要比每天的沐浴重要得多。

我们应当尽可能地带着令我们最高兴最喜悦的思想入睡。我们应当带着崇高的理想、友爱互助的思想、积极向上的想法以及所有能够使得我们在第二天恢复精力的想法入睡，这样在第二天的工作中才能充分发挥出我们自身的能力。

如果你认为消除这些不开心的想法有困难，那么你就应该强迫自己去读一些能够使你展开眉头开心大笑的有激励作用的书，一些能够真正解释生命的魅力与伟大的书，一些使你懂得丁点儿的吝啬、狭隘的想法都是羞耻的书。

如果你把这些付诸一段时间的实践后，那么你就会惊奇地发现在睡觉前你会很彻底地改变你的思想观念和对事物的态度，你将面对正确的生活道路。

无论你多么累或是睡得有多晚，在睡觉前一定要把头脑中不好的印记，包括不开心的经历、邪恶的想法、对别人的嫉妒与偏见和自私自利等都清除掉。例如，你可以想象你卧室中的灯都是汉字形状的如"和谐""快乐""美好的祝愿"等。

一些人已经学会了要在入睡前与整个世界保持和谐的技巧，他们懂得在入睡前不能在头脑中保留一点儿对他人的偏见、怨恨、嫉妒等，因此他们就能比那些有回顾自己不好经历、总是想着麻烦事的习惯的人们要能从睡眠中得到更多的东西，更能保持年轻，有更高的工作效率。

心灵悄悄话
XIN LING QIAO QIAO HUA >>>

养成一种在睡觉前清空头脑中的思想、忘记一天的烦恼的习惯，对我们来说是很重要的。如果在白天时你很冲动、不理智地对待别人，对别人的态度很不友好，那么晚上睡觉前的这段时间就是你清除这些思想的最好时机。慢慢形成这种习惯，你会发现这对你的身体健康非常有好处。

抛弃不必要的烦恼

古诗云："天长地久有时尽，此恨绵绵无绝期。"烦恼也是一样，从小到大，烦恼无时不有。其实，这个世界上并没有那么多烦恼，只是你日复一日地主动寻找着烦恼。无穷的烦恼让我们错过了不知道多少人生路上的美好瞬间。

在当今社会，自寻烦恼的人比比皆是，他们越陷越深，最终丢失了本应属于自己的幸福。因此，要做一个快乐的自己，就要懂得抛弃烦恼，以开朗的心态将自己融入生活中，才会体会到人生的美好。

大学生小张，在校期间各门功课成绩都是优良，可毕业后被分配在一个偏远的小镇上。从梦想的伊甸园，进入平庸、烦琐的现实，他觉得像从天堂掉进了地狱。为了改变自己的命运，他把希望寄托在研究生考试上，并将这看成他生活的唯一出路。但由于诸多的烦恼困扰，他名落孙山。为了自己的前途，他凭借着意志力一次又一次捧起书本，却一次又一次因烦恼而毫无成效。数次失败后，他停止了努力。悲哀、苦恼、绝望将他紧紧地包围，他开始天天醉酒，不再上班，他的精神已经彻底地崩溃了。

最后，小张决定去找大学时候的心理教授，请求他的帮助。小张向教授倾诉诸多的烦恼，教授让他把烦恼一个个写在纸上，判断其是否真实，一并将结果也记在旁边。

经过实际分析，小张发现其实自己真正的困扰很少，他看看自己那张困扰记录，不禁说道："无病呻吟！"教授注视着这一切，微微对他

点头。于是，教授说："你曾看过章鱼吧?"年轻人茫然地点点头。

"有一只章鱼，在大海中，本来可以自由自在地游动，寻找食物，欣赏海底世界的景致，享受生命的丰富情趣。但它却找了个珊瑚礁，然后动弹不得，呐喊着说自己陷入绝境，你觉得如何?"教授用讲故事的方式引导他思考。他沉默一下说："您是说我像那条章鱼?"年轻人自己接着说："真的很像。"

于是，教授提醒他："当你陷入烦恼的习惯性反应时，记住你就好比那条章鱼，要松开你的两只手，让它自由活动。困住章鱼的是自己的触角，而不是珊瑚礁的枝杈。"

哲人说："使我们烦恼、忧郁的都是芝麻小事，我们可以躲闪一头大象，却躲不开一只苍蝇。"其实世界上根本没有那么多值得烦恼的事情，人的烦恼常常是来自于自己。所以佛说，应该降伏其心，告诫我们不要为烦恼而烦恼。当你真正觉得烦恼无所谓的时候，烦恼也就自然而然地不见了。

一位作家在成名前十分潦倒，寄居在一个大杂院里，因为怀才不遇，心中一直感到很郁闷。

每到傍晚他总能听到从隔壁澡堂传来的洗澡声和小孩子的喧闹声，一听到这些声音，他就感到十分焦躁与无奈。有时不知从什么地方飘来一股莫名的烤鱼味，让饥肠辘辘的他感到不安。因为囊中羞涩，他总是有上顿没下顿的。

一天，在烦闷之余，他透过窗子，忽然看到隔壁有个简朴的小花台上种有几百盆花，绿意盎然地并排在水泥砖块上，整齐划一的小花盆中有玫瑰、杜鹃等。他看到花台旁有一位衣着整洁的老人正在那里浇花。以后每到傍晚，老人有时停下来对他说："从这美好地方可以眺望远方，很不错吧!"这时，又跑过来一大群孩子，老人亲切地招呼着这些小孩。

突然之间，这位作家好像领悟了一切。孩子的嬉笑声再也不会让他感到厌烦，邻居的麻将声、嘈杂的音乐声再也不会引起他的愤怒，甚至连隔壁恼人的油烟味也会令他想起"母亲的味道"。

每个人都有享受生活的时候，也有被生活所恼的时候，如何对待它们，在很大程度上取决于我们心中接受的对象是快乐还是痛苦。人生是非、烦恼无时无刻不在我们生活中发生，用乐观的心去看待世界上的一切，用平静的心情待人接物，自会远离烦恼的纠缠。记住：心头若无烦恼事，便是人间好时节。

心灵悄悄话
XIN LING QIAO QIAO HUA >>>

不要让不必要的烦恼干扰我们享受生活的心情，也不要让烦恼阻挠成功进取的步伐，从而让我们的追求完美的路上不能一帆风顺。

不要说我们一无所有

经常有人抱怨说自己一无所有，但是任何人都不会一无所有，即使一贫如洗的人至少还可以拥有积极的态度和改变现状的想法。只要你对未来充满希望，你就能拥有自己想要的东西。

很多时候，自己把自己看作什么，那么你就是什么。你认为自己一无所有，也许就破罐破摔、精神不振，不去与命运抗争，结果你不可能富有；在自己非常贫穷或存在相貌缺陷的时候，但是你能积极面对，积累知识及才能，随时向命运发起挑战，那么通过你的奋勇拼搏，即使成不了富翁，也完全可以改变现状。

"钢铁大王"安德鲁·卡内基在一次演讲中曾经这样说："对于那些生来就一无所有的年轻人，我向他们表示祝贺。因为他们出生在一个令人振奋的境地，这种环境迫使他们必须奋发努力、顽强拼搏，从而改变自己的不利处境，出人头地。对一个年轻人而言，他要背负的最重的一个包袱莫过于一个装满了各种财富证券的包袱。他们通常会被这样的包袱压得站立不稳，左摇右晃，根本无法正常前进。

"现实社会中，有很多年轻人，他们没有任何资源和靠山，完全依靠自己的力量努力拼搏，最终站在了最优秀者的行列，成为社会的精英。他们无愧于他们所获得的所有荣誉，因为他们的前进过程是那样的艰难和不易。"

现实生活中，白手起家，仅凭一己之力成就自己事业的人不胜枚举。

凯蒙斯·威尔逊的父亲在凯蒙斯·威尔逊 5 岁的时候因病去世，留下了空荡荡的家。凯蒙斯·威尔逊的母亲非常坚强，虽然家里一无所有，可她下定决心：无论生活多么艰苦，都要把儿子抚养成人，并让他在这个世界上有一块立足之地。

此后不久，威尔逊的母亲多尔带着威尔逊来到了孟菲斯市，寄居在威尔逊外祖母家。即使有政府的资助，他们的生活依然穷困，多尔别无选择，只得走出家门去工作。她先后从事过牙医助手、书记员等工作，但每个月的收入从来都没超过 120 美元。家里的生活依然十分拮据，用威尔逊自己的话说："这样的生活，你能想象得出吗？那是多么的艰难和不易，当时感觉真是度日如年。"

在这样的家庭背景之下，威尔逊 12 岁就开始外出挣钱了。他先是给别人打工，后来慢慢积累，开始尝试自己创业。威尔逊先后摆过地摊、卖过爆米花、经营过弹球机、开过电影院，在不断地闯荡中，事业逐渐有了起色。30 岁的时候，威尔逊已经是孟菲斯市的著名企业家。

的确，很多时候，"一无所有"也是一种优势、一种成功的资本，只要你有正确的生活态度。

幼年的艰苦生活使威尔逊比别人更努力、更坚强，无论生意上遭遇怎样的困难，他都能顽强地克服，凭着坚忍不拔的毅力和决心，依靠自己的努力改变了生活的困境。他在获得丰富的物质财富的同时，拥有了更多宝贵的精神财富，享受到了真正的快乐和幸福。

苦难是人生最重要的资本，绝不要认为自己一无所有。

有一个叫黄美廉的女子，自小就患了脑性麻痹症，因肢体失去平衡感，手足会时常乱动，口里念叨着模糊不清的词语，模样十分怪异。这样的人在常人看来，已失去了语言表达能力与正常生活条件，更别谈什么前途与幸福。

但黄美廉硬是靠她顽强的意志和毅力，考上了著名的加州大学，并

获得了艺术博士学位。她靠手中的画笔，还有很好的听力，抒发着自己的情感。

在一次讲演会上，一个中学生竟然这样提问：

"黄博士，你从小就长成这个样子，请问你怎么看你自己?"

在场的人都责怪这个学生不敬，但黄美廉却十分坦然地在黑板上写下了这么几行字：

"一、我好可爱；二、我的腿很长很美；三、爸爸妈妈那么爱我；四、我会画画，我会写稿；五、我有一只可爱的猫……"

最后，她以一句话作结论：

"我只看我所有的，不看我所没有的!"

我们要做的是：必须要接受和肯定自己。在这个世上，每个人都不是完美的，并非只有你是最不幸的。无须抱怨命运的不济，不要看自己没有的，要多看看自己拥有的。

其实，任何人都不可能真的一无所有，即使不拥有物质资本，也会拥有精神财富和家人对你的爱、对你的希望。事实上，你对自己的期望，你不甘于现状的决心，甚至是别人对你的打击、嘲讽、仇恨，都能成为激发你奋发向上的资本。

心灵悄悄话
XIN LING QIAO QIAO HUA >>>

没有十全十美的人，也没有一无所有的人，我们没有金钱，没有事业，但有健全的身体，还有不可估量的智慧，还有亲人的爱和鼓励，这一切就是你还有希望缘由，是你继续奋斗的资本。

适合你的，才是最好的

其实，每个人都有一个最适合自己的位置，只有找准了才能实现自己的价值，只有安心享受自己的生活，享受自己的幸福，才是快乐之道。

有两只老虎，一只在笼子里，一只在野地里。

在笼子里的老虎三餐无忧，在野外的老虎自由自在。两只老虎经常进行亲切的交谈。

笼子里的老虎总是羡慕外面老虎的自由，外面的老虎却羡慕笼子里的老虎安逸。一天，一只老虎对另一只老虎说："咱们换一换吧。"另一只老虎同意了。

于是，笼子里的老虎走进了大自然，野地里的老虎走进了笼子。从笼子里走出来的老虎高高兴兴，在旷野里拼命地奔跑；走进笼子的老虎也十分快乐，它再不用为食物而发愁。

但不久，两只老虎都死了。

一只是饥饿而死，一只是忧郁而死。从笼子中走出的老虎获得了自由，却没有同时获得捕食的本领；走进笼子的老虎获得了安逸，却没有获得在狭小空间生活的心境。

可见，适合的才是最好的。

许多时候，人们往往对自己的幸福熟视无睹，而觉得别人的幸福却很耀眼。殊不知，别人的幸福也许并不适合自己。更让人想不到的是，

别人的幸福也许正是自己的坟墓。

古时有邯郸学步者，看到别人走路姿势优美，便煞费苦心，细心钻研学习。可是，学步者根本不适合，最终不仅没有学会别人的步态，还忘记了自己当初的走姿，岂不可笑可悲！

"自知者不怨人，知名者不怨天。"这句话意在强调的是一种乐观的生活态度。一个人若能准确地找到自己的位置，能清楚地认清自己的才能，不随波逐流，不盲目攀比，未尝不是一种快乐的态度。

你不可能拥有一切，也不可能什么都适合去做，所以，不要再为自己那些不切实际、好高骛远的思想心力交瘁了，也不要再对自己的能力妄自菲薄。只有学会放弃，学会知足，才能更好地把握快乐、享受幸福。

心灵悄悄话
XIN LING QIAO QIAO HUA >>>

适合他人的，不一定适合自己；适合自己的，也不一定适合他人。不可勉强自己去做自己根本无法做到的事情。只要你尽了自己的最大努力，你就会无怨无悔；只要你找准适合自己的位置，你就是成功者。

学会适时变通

在激烈竞争的今天，面对所有发生的一切事情，我们都要有足够的坚强来接受，尤其是失败的打击和考验。当你面对生活的不如意时，不要放弃，不要以为迎接自己的就是失败。要拿出自己的平常心，换个角度看问题，也许你就会发现另一片天地。

台湾著名漫画家蔡志忠说："如果拿橘子比喻人生，一种是大而酸的，另一种就是小而甜的。一些人拿到大的会抱怨酸，拿到甜的会抱怨小；而有些人拿到小的就会庆幸它是甜的，拿到酸的就会感谢它是大的。"这段话告诉我们：不同的人对待人生有着不同的态度，一种是对生活总是抱怨与不满；一种是对生活总是庆幸与感谢。人的一生不可能总是事事如意，有时也有不幸的事，关键是看你以一种怎样的心态去面对。

有一少妇投河自尽，被正在河中划船的船夫救起。船夫问："你年纪轻轻，为何自寻短见？"

"我结婚才两年，丈夫就抛弃了我，接着孩子又病死了。您说我活着还有什么意思？"少妇痛苦地答道。

船夫听了，想了一会儿，说："两年前，你是怎样过日子的？"

少妇说："那时的我自由自在，没有任何烦恼……"

"那时你有丈夫和孩子吗？"

"没有。"

"那么你不过是被命运之船送回到两年前去了。现在你又自由自

在，没有任何烦恼了，你还有什么想不开的？请上岸去吧……"

听了船夫的话，少妇恍如做了一个梦，感觉心中豁然开朗，便离岸走了。从此，她没有再寻短见，她从另一个角度看到了希望的曙光。

可见，换个角度去看问题，也许结果就会是另一种情形。当痛苦向你袭来，不要悲观，不要气馁，寻找痛苦的原因及战胜痛苦的方法，你就会看到事物美好的一面。

著名物理学家波尔，在成功创建"能级"学说之后被别人问道："您创建了一个第一流的物理学派，有什么秘诀吗？"他说："因为我不怕在学生面前显露我的愚蠢。"这个回答令人吃惊，但只要细细一想，也不无道理。虽然对于众多教师来说，在课堂上显示出自己的愚蠢是很失败的表现，但是这种失败会迫使自己学习更多的知识，对知识进行更深入的研究、探索，从而使自己的水平更上一个台阶，这失败难道不是"垫脚石"吗？换一个角度对待失败，换一个角度对待那块"绊脚石"，你会发现成功的光芒正在不远处闪光。

有个年轻人为贫所困，便向一位老者请教。老者问："你为什么失意呢？"

年轻人说："我总是这样穷。""你怎么能说自己穷呢？你还这么年轻。""年轻又不能当饭吃。"年轻人说。老者一笑："那么，给你10000元，让你瘫痪在床，你干吗？""不干。""把全世界的财富都给你，但你必须现在死去，你愿意吗？""我都死了，要全世界的财富干什么？"老者说："这就对了，你现在这么年轻，生命力旺盛，就等于拥有全世界最宝贵的财富，又怎能说自己穷呢？"

年轻人一听，又找回了对生活的信心。

所以说，任何事情都不是绝对的，就看你怎么去对待它。换个角度看问题，往往能海阔天空。

如果遇上不如意的事情，换个角度就变成了好事。同样的一件事，以前给自己带来的是烦恼、苦闷，而现在带给自己的则是积极向上的动力。

其实世间许多事就如同硬币，有正反两面。当我们抛到自己不喜欢的一面时，不妨静下心来告诉自己：再试一下，也许你就能找到自己喜欢的那一面了。如果想通过生活的考验，不妨换个角度试试。换个角度看问题，会让你多一些智慧，少一些鲁莽。拥有它，会使你的生活多一些顺畅，少一些坎坷。学会它，你会受益终生。

心灵悄悄话
XIN LING QIAO QIAO HUA >>>

人生的钟摆永远在两极中摆晃，幸福也是其中一极；要使钟摆停止在它的一极上，只能把钟摆折断。

学会改变，把握幸福

世界上没有一成不变的事物，整个宇宙都在时刻不停地变化着，更何况人类？其实，改变不一定是坏事，许多时候，我们都需要通过改变自己的思维来对世间万物有一个新的认识。而我们也只有适应世事的改变，才能不让幸福从我们身边溜走。

提起潘石屹和他的房地产业，大概是无人不知，无人不晓。但是，有关潘石屹创业之初的故事可能是许多人所不知道的。

1984年，潘石屹以优异成绩从石油学院毕业后，被分派到河北廊坊石油部研究室工作。在那里，他的聪明才智博得了领导的赏识。

有一次，办公室新分配来一位女大学生，她对分配给自己的桌椅十分挑剔。当潘石屹劝她凑合着用时，对方非常认真地说："小潘，你知道吗？这套桌椅可能要陪我一辈子的。"就是这不经意的一句话深深地触动了潘石屹：难道我这一生将与这套桌椅共同度过？正在思变的时候，他遇见了远在刚刚开放的深圳创业的一位老师。他决定改变自己的命运。

1987年，变卖了自己所有家当的潘石屹毅然辞职，揣着80元钱去广东打工，后来去了海南，自己做老板，开始了经商生涯。1993年，潘石屹在北京注册了北京万通实业股份有限公司，任法定代表人兼总经理，开始了在北京房地产界的艰难创业，最终成为北京房地产业的巨擘。

　　可见，适时改变才有成功的可能。其实大部分的改变都会产生双赢的局面，因为改变都是需要推动力的，没有无原因的改变。

　　改变其实没有我们想象中的那么困难，相信自己，只要自己能够努力，有决心，都能朝着好的方面改变。而出现在人们面前的一定是改变后的你，一个成功的你。

　　有时候，我们埋怨天气太恶劣，常常是因为自己抵抗力太弱；埋怨别人太狭隘，常常是因为自己不豁达；埋怨工作太难做，常常是因为自己能力不够强；埋怨收入太低，常常是因为自己期望太高。如果只会抱怨，就会痛苦无边；然而，如果学会改变，就会幸福无限。

心灵悄悄话
XIN LING QIAO QIAO HUA >>>

　　当我们的方法行不通的时候，不妨换一种思维，换一种方法试一试，也许一变就通，以面浪费我们的时间，及早地踏上正确的成功之路。

严肃对待爱情与婚姻

恋爱、婚姻乃人生大事，千万不能采取随便马虎的态度。爱情的种子要结出家庭幸福之果，需要时间的栽培和浇灌。

年轻人，感情充沛，爱的琴弦很容易拨动，正因如此，就更需要审慎地对待爱情。有的青年倾心于"一见钟情"，虽然在文艺作品中确有"一见钟情"而结成美满婚姻的，像《西厢记》中的张生和莺莺，《魂断蓝桥》中的克劳宁上尉和玛拉，但现实生活中由"一见钟情"结成百年伉俪的毕竟很少。许多家庭悲剧往往由"一见钟情"开始。大家熟知的俄罗斯著名诗人普希金，在一次舞会上与莫斯科第一美人娜塔丽亚邂逅，两人一见钟情，甚至没有经过"闪电恋"，就决定了婚姻关系。婚后，娜塔丽亚醉心于社交寻欢，成天向普希金要这要那，并且不时地要普希金陪她出去做客。天才诗人的才华被一见钟情的婚姻渐渐窒息，最后他的肉体也毁于因娜塔丽亚而引起的野蛮决斗之下。

爱情越是经过岁月的磨炼，越是显出纯洁的本色，也就越能持久地沁人心脾。你知道英国诗人勃朗宁和伊丽莎白的爱情故事吗？

伊丽莎白·巴蕾特 15 岁时，从马上摔下跌坏了椎骨，卧床不起。她饱含激情的诗作，扣动了她表兄的朋友、年轻诗人勃朗宁的心扉。他给伊丽莎白写了一封热情洋溢的信，从此两人建立了亲密的友谊。1848年，伊丽莎白 29 岁，比她小 6 岁的勃朗宁慎重地向她提出结婚的要求，却遭到她的拒绝。

在伊丽莎白看来，这不过是勃朗宁一时的狂热，至多是出于对她的

同情和怜悯！

　　然而，伊丽莎白错怪了他。勃朗宁愿把自己真实的爱情献给志同道合的人，因此，尽管遭到了伊丽莎白的拒绝，他仍然用行动继续表白自己磊落的心迹。后来，伊丽莎白终于看清了勃朗宁的为人，到他第三次求爱时，她欣然打开了心灵的大门。这种经过时间考验的爱情，不仅给了伊丽莎白巨大的力量，使她通过锻炼，竟然奇迹般地摆脱了20多年须臾不离的病床，能够徒步下地行走，而且也如源源不绝的喷泉，赋予她的诗作新的生命。在以后同勃朗宁朝夕相处的15年中，伊丽莎白才思横溢，她那献给勃朗宁的《十四行诗集》，既是爱情的献礼，也是幸福的奏鸣，多少年来众口交誉，一直为人们争相传颂。

　　爱情的价值在于经得起时间的考验，因而它的先天的对立面就是"将就凑合"。

　　俄国作曲家柴可夫斯基的爱情生活，远不如他的作品那么脍炙人口，相反倒使他痛苦了一生，根源就在这"将就凑合"四个字。

　　一个叫安东尼娜的姑娘，倾慕于柴可夫斯基的声誉，不断地给他写来热烈的求爱信，并且"义无反顾"地表示，如果作曲家拒绝她的爱，她将惨然死于他的脚下。心慈的柴可夫斯基怜悯了，于是，姑娘来到了作曲家的身边。可是，她感兴趣的是名誉、地位，而不是音乐。不久，无休止的纠缠竟使作曲家只能躲开她，才能进入音乐的天国。而安东尼娜不知廉耻的生活，更成为柴可夫斯基一生蒙羞的根源。

　　从这点来说，柴可夫斯基远不及简·爱。在影片《简·爱》中，当简·爱的表哥、牧师圣约翰向她求爱的时候，尽管牧师曾经救过她的命，而这时孤单的简·爱也确实需要傍依，但她还是断然拒绝了圣约翰的爱，因为她清醒地懂得爱情不能凑合，而恩惠应该并可以用别的形式给以报答。她说："我答应做你的传教伴侣和你同去，但不能作为妻

子，我不能嫁你。"这在当时确实使两人都很痛苦，但如果勉强凑合，两人的痛苦势必更大。

生活中可以凑合的事情很多，衣、食、住、行都可以；但爱情不行。当你选了几个朋友都不如意，再选唯恐引起舆论压力时；当你曾受过人家的恩惠想以身相许来报答，或同情对方的不幸遭遇想以爱情来慰藉对方时；当你抵挡不住对方的甜言蜜语和百般乞求，或有短处抓在对方手里唯恐丑事外扬时；特别是当你的亲朋父母出来保媒，而你确实不满意对方时；你要切记："将就凑合"的选择，虽能使你摆脱眼前的痛苦，但同时又极可能把你牵进更大更长的痛苦之中。

我们并不是说恋爱场上无限制的选择是正确的。尽善尽美的人，过去没有，今后也不会出现，因此，任何选择都是相对的。志同道合是爱情的主要基础。有共同的追求，再加上性格、爱好、习惯等方面的契合、包容，就能唤来甜美的爱情。如果真以这两条为择偶的标准，而不苛求于对方的容貌、条件甚至身高、体重，那么，选择成功的概率还是很大的。

所谓爱情上的严肃态度，就是要理智地审度自己感情的性质：不是爱情不要冒充爱情；是爱情，就要对自己也对对方负责。当出现下列情况时，这种态度尤须慎重。

1. 当你被多人追求时

你就面临着这样的选择：在这么多人的追求中，你需要谨慎地但又不拖延地确定你的爱。很可能你拿不定主意，那等在你拿定主意之前，你应同所有的对方都无一例外地保持同志关系，既不能因为喜欢你的人多而飘飘然，也不能因为烦恼而随便选择一个算了。一旦"选中"以后，则应尽快向"落选者"表明你的鲜明态度。模棱两可是要不得的，这样既延误了别人另找对象的时间，也势必使你的恋爱生活复杂化，甚至带来不堪设想的后果。

2. 当被你追求的人已有人追求时

如果你知道对方已同她或他确定了爱情关系，那你理应急流勇退，

不应成为不光彩的"第三者"。如果对方同她或他，也只是同你一样，并未确定爱情关系，那你自然可以向对方表示你的爱慕之情。但是，应该落落大方。对第三方采取嫉妒乃至诽谤的态度，显然是不道德的。一旦对方在选择中筛掉了你，你就应该愉快地同对方说声"再见"。迁怒于人或者蓄意报复，都会既害人又害己。

3. 当你同时对几个异性有好感时

你应该按照自己的择偶标准，度量哪一个更适合成为你的终身伴侣，从而有意识地把你的好感上升到受理智支配的爱慕之情。同时，也就需要严格地把你同其他人的关系限制在同志关系的范围内。"脚踏西皮瓜，滑到哪里算哪里"，或者用暧昧的态度，同时发展对几个异性的恋爱关系，无疑是不道德的。对自己，对别人，都没有好处，到头来只能造成彼此痛苦。

爱情不像商店里买商品，选错了，可以换一个，至多是重买一个。看错了恋人，选错了配偶，虽然可以用离婚来加以补救，但那时已给双方尤其是子女造成不可弥合的创伤。所以，在恋爱婚姻问题上，切忌草率从事。

心灵悄悄话
XIN LING QIAO QIAO HUA >>>

毫无保留地依赖对方，将自己的快乐完全寄托在爱人身上，实际上是人为地增加爱人的负担，总是唯恐让对方委屈，却错失了爱的幸福和温暖。

摆正心态，认真生活每一天

世界上没有完全相同的两片叶子。每一个人在这个世界上都是独一无二的，你在各方面不可能都是最好的，但你可以充分利用生活赋予你的那些优势，创造出你认为的最优美的生活篇章，做你自己，做最好的自己。

一天清晨，国王独自一人在动物园中散步，他突然发现所有的动物都奄奄一息。

国王诧异地问一头大象："你们究竟遇到了什么麻烦？"

原来，大象认为自己生来就是一副笨拙老实相，不能像狮子一样威风凛凛，所以消极厌世，觉得活着没什么滋味；狮子则憎恶自己不能像孔雀那般美丽迷人，人见人爱；而孔雀也想离开人间，因为它想和老鹰一样翱翔蓝天，去追求梦境般的生活；长颈鹿也"病"倒了，因为它嫌自己的脖子实在太长了，跑起路来根本赶不上袋鼠的速度……

国王正惊叹之时恰好看到一只蚂蚁在乐此不疲地寻觅着食物，便高兴地对它说："当别的动物都已对自己气馁时，只有你还这样勇敢积极地活着，你为什么能够这样安心呢？"

"是啊，我的确很快乐，虽然我身上没有什么值得骄傲的地方，但我却从未沮丧过。因为我知道，如果你需要一头大象，一只雄狮，或是一只孔雀、一只老鹰、一头长颈鹿的话，你就一定会千方百计地寻找到它们并驯养它们。而且我还知道，你只希望我做一只小小的蚂蚁，所以

我下定决心要做这个园中最棒的蚂蚁。"

从古至今，在事业上有所成就的人无不是从挑战自己，创造自己开始的。人世间有多少人，胸无半点志向，只是浑浑噩噩地活了很多年。而使他们一蹶不振、沉沦丧志的原因，归根结底，是没有好好把握自身存在的价值。

雷石东是哈佛学子的榜样，这位哈佛学子同样入围了 2008 年美国知名财经杂志《福布斯》评选的哈佛大学毕业的亿万富翁之列。

雷石东小的时候在拼写方面表现出过人的天赋，别人随口说出一个单词，他都可以拼写出来，母亲为此很欣喜，并安排他参加全国拼词大赛。雷石东没有辜负母亲的一番苦心，一路拼写着那些复杂而生僻的单词过关斩将杀至决赛。在决赛前夕，对胜利的过度渴望让他沉入到一种不切实际的狂热中：他常常想象自己站在考官和一大群欢呼的观众面前，接受美国最优秀的单词拼写者的头衔。然而，真正考试那天，考官让他拼写 Tuberculosis（肺结核）这个词，他头脑一热，脱口而出"t—u—b—e—r—c—u—o—s—i—s"。他漏掉了一个音节。正是这一个小小的失误，使他最终被淘汰出局。

母亲伤心欲绝，她没有办法接受儿子失败的现实，梦想破灭的绝望深深地刻在她的脸上，泪水夺眶而出。这幕情景也深深烙在雷石东的脑海里，从这时开始，懵懂的他第一次主动立志：无论做什么，必须成为第一。

从此，每天早上，自打从床上爬起来的那一刻开始，他就像进入了激烈的战场，除了学习，他再也没有其他的活动，成为第一的欲望占据了他的所有心思和意念。

正所谓"天道酬勤"，在毕业典礼上，雷石东以该校 300 年来最高的平均分从波士顿拉丁学校毕业，被授予现代拉丁文奖、古典拉丁文奖和本杰明·富兰克林奖，并且获得了前往哈佛大学深造的奖学金。从哈

佛毕业后，雷石东的激情与永争第一的精神，让他时刻不忘奋发进取。50 年间，雷石东终于抓住机遇，大胆扩张，使自己从一个机车影院的老板，成为一个年收入达 246 亿美元的传媒帝国的领袖。

雷石东从一次失败的教训中，懂得了无论做什么，必须成为第一的道理。至此，永远争第一的想法深深地植根于他的脑子里，在此后的求学哈佛和经商拼搏的道路上，他始终抱着这个信念，处处要求自己做到最好。

在许多竞争的领域，一场比赛的冠军和亚军从最后的结果上看虽然只有一步之遥，但他们在享有的名誉和利益方面却相差甚远。一个是经过努力获得回报的成功者，一个是同样付出却功亏一篑的失败者。因此，只有那些力求做最好的自己的人，才有更多的机会成为最后的胜利者。

要知道，世界上最可怕的不是敌人，而是自己，你脆弱的心灵就是你最大的敌人。其实，每个人身上都存在着巨大的潜力，每个人都有自己独特的个性和长处，每个人都有自己的目标，应该通过自己的不懈努力去争取成功。

美国参议员艾摩·汤姆斯 16 岁时，长得很高，却很瘦弱，其他小男孩都喊他"瘦竹竿"，他每一天、每一小时都在为自己那高瘦虚弱的身材发愁。后来在一次演讲比赛中，他发生了很大的转变。他在母亲的鼓励下，花了许多功夫进行演讲准备，他把讲稿全部背出来，然后对着牛羊和树木练了不下 100 遍，终于取得了第一名。听众向他欢呼，讥笑他的那些男孩羡慕不已。从此以后，艾摩·汤姆斯信心倍增，逐步走向成功的大门。他在回忆往事时说："想当初，当我穿着父亲的旧衣服，以及那双几乎要脱落的大鞋子时，那种烦恼、羞怯、自卑几乎毁了我。"

完美——千树万树梨花开

在学习和工作的每时每刻，也许你不能立即成为最好的，但你可以以这种信念来督促自己，以实现第一的标准来要求自己。心理学家曾经说过："你一定比你想象的还要好。"

心灵悄悄话
XIN LING QIAO QIAO HUA >>>

只要你相信自己可以做到第一，勇敢地做最好的自己，你的人生境界就会获得一个质的提升。认真，是做最好的自己的关键，是通向成功的必备条件。

第三篇 >>>

方圆处事成就完美的人生

著名教育家黄炎培十分赞赏"外圆内方"的做人原则。他在给儿子写的座右铭中就有这样的话:"和若春风,肃若秋霜,取象于钱,外圆内方。"黄老先生的话,实际上是对"外圆内方"的一个很好的解释。在他看来,"圆"就是要"和若春风",对朋友、同事、左邻右舍要敬重、诚实、平易近人,和气共事;"方"就是要"肃若秋霜",做事要认真,坚持原则。

天圆地方,天行健,君子以自强不息;地势坤,君子以厚德载物。可见,方圆处世的略谋,乃是则天法地的大智慧,顺应了天地万物生生不息的大规律。

方圆有术，弹性做人

去过庙里的人都知道，一进庙门，首先是弥勒佛，笑脸迎客；而在他的北面，则是黑口黑脸的韦陀。

但相传在很久以前，他们并不在同一个庙里，而是分别掌管不同的庙。弥勒佛热情快乐，所以来的人非常多，但他什么都不在乎，丢三落四，没有好好管理财务，所以依然入不敷出。而韦陀虽然管账是一把好手，但成天阴着个脸，太过严肃，搞得人越来越少，最后香火断绝。

佛祖在查香火的时候发现了这个问题，就将他们俩放在同一个庙里，由弥勒佛负责公关，笑迎八方客，于是香火大旺。而韦陀铁面无私，分厘必较，则让他负责财务，严格把关。在两人的分工合作以后，庙里一派欣欣向荣的景象。

在韦陀身上，体现的是做人的"方"；弥勒佛则是"圆"的代表。很显然，无论是方或是圆，都没有方圆合一来得好。

"方"是一个人的品质、境界，是做人的根基。一个人只有具备好的个人素养和优质的品质，才有可能成大事，立大业。

"圆"不是圆滑，狡诈，而是一种圆通的处世立场，是一种随机应变的人生哲学。假如一个人过分方方正正，不懂得变通，不懂屈伸，就像生铁一样，是很容易被折断的。

想一想中国古代的铜币，为什么里面是方形，而外面是圆形呢？实际上，这就喻示了一个古老而又精妙的哲理。外圆可减少阻力，便于流

通提携；内方可一线贯通，秩序井然。"取象于钱，外圆内方"，做人做事的道理尽在其中。做人有方的准则在手，就会方寸不乱，千变万化不离其宗；做事有圆的技巧在胸，就会圆融玲珑，世事人情一通百通。

方是刚，圆是柔。方是原则，圆是机变。方外有圆，圆内有方。外圆内方，可谓人生的最境界。不懂谋略难为事，不懂方圆难做人。

一天，曹操请刘备喝酒。那时，正是刘备穷困潦倒、寄人篱下之时。

酒喝到一半，忽然阴云密布，大雨就要来了。仆人指着天上的像条龙形的乌云，曹操与刘备则一边聊着一边观看。

曹操说："使君知道龙的变化吗？"

刘备说："不知道。"

曹操说："龙能变大能变小，能飞能隐藏，变大就是兴云吐雾，变小就是隐藏形迹，飞上去就是飞腾在宇宙之间，隐藏起来就是潜伏在大海的波涛之内。现在是春天后期，龙趁着时节变化，像是人发达了所以纵横四海。龙这个事物，可比拟天下的英雄。刘备你总在外面走，应该知道当世有哪些英雄，请都说出来。"

随后，刘备点遍袁术、袁绍、刘表、孙策、张绣、张鲁等人，均被曹操一一贬低。

曹操说："像个英雄的人，应该胸怀大志，腹有好的谋略，有包藏宇宙的机智。"

刘备说："谁是这样的人？"

曹操用手指着刘备，又挥手指自己，然后说："现在天下能称为英雄的，只有使君与我才是！"

刘备一听，吓了一跳，结果把筷子掉到了地上。与此同时，天上"轰隆"一声。

曹操听到了筷子落地的声音，忙问刘备："怎么啦？"

"雷声一震，吓得我筷子都掉了。"刘备假装镇定着说。

曹操笑着说："大丈夫也怕打雷吗？"

刘备说："圣人也怕打雷，我怎么不怕呢？"

刘备巧妙地将自己当时的慌乱掩饰过去，从而避免了一场劫难。自此，曹操认为刘备胸无大志，必不能成气候，也就未把他放在眼里。如此，刘备才得以休整自己、壮大自己。

可以说，刘备在煮酒论英雄的对答中是非常聪明的，他用的就是方圆之术，在曹操地哈哈大笑之中，免去了曹操对他的怀疑和猜忌。

动为方，静为圆；刚为方，柔为圆。凡事都在圆中预、方中立，这是古人谋事的原则，也是亘古不变的真理。世间事物都在这方圆之中，而方圆也是历史和哲学的体现。

心灵悄悄话
XIN LING QIAO QIAO HUA >>>

做人的巧妙就在于能方能圆，人生就是一门方与圆平衡的艺术。为人处世，该方时方，该圆时圆，随即变通，左右逢源，这样才能立于不败之地。

少露点锋芒

2009 年，在全球经济萧条、消费信心严重受挫的情况下，在意大利，华人企业以其独有的风格赢得了市场。华人企业在赢得了市场的同时，也带动了当地消费市场的发展，驾名车、穿名牌、戴名表、出入高档酒店则成了华人生活的追求。

无论是假日还是周末，在意大利的高档餐馆的门前，总是能看到成群结队的华人驾驶着一辆辆高档的品牌汽车出入酒店，肆无忌惮地品味着意式大餐，喝着高档红酒，店家则在华人面前百般献媚，使尽浑身解数来讨好他们的"上帝"。

华人的奢侈性消费在引来商家欢喜的同时，也招致了当地人的不满。这天，一伙年轻华人在普拉托郊区的一家意大利海鲜店聚餐，华人天生的大嗓门、旁若无人的碰杯声，使得邻桌就餐的当地人十分不满。客人找来店主，请店主制止华人的喧闹，店主忙向客人赔礼，并开玩笑地说："请多多担待，对待这些华人我有着更多的无奈，靠他们消费我的店才可以赚钱。"邻桌的意大利客人见老板如此解释，耸耸肩请老板结账，愤愤地离店而去。邻桌的意大利人见状和同桌的家人讲："你看看这几个华人喝的酒，是我们连想都不敢想的，他们几个人的一餐是意大利普通工人一个月的工资，看来应该请税务部门查一查华人，看他们的钱是否来得正当。"

朋友聚餐本无可厚非，假如在高档酒店消费，大家餐桌上的菜肴和

红酒基本相似，当地富裕一族绝不会认为他们过于奢侈。而恰恰是在普通餐馆，由于消费层次比较低，华人的奢侈消费自然也就引起了当地人的不满和嫉妒，嫉妒往往会演变成仇视。生活中，很多人喜欢在他人面前显摆，喜欢把自己"晒"出来。

春秋战国时期，一个木匠带着几个徒弟到齐国去。师徒一行走到山路的一个拐弯处，看见一座土地庙，旁边有一棵高大无比的栎树。大到什么程度呢？它的树荫可以容纳几千头牛在树下休息，树干又粗又直，在几丈高之后才能见到分枝，而这些树枝粗到可以用来做造船材料的就有好几十枝。许多路人都在围观，连声称奇，只有这个木匠瞄了一眼，扭头就走。

徒弟们看腻了栎树之后，追上师父，问道："生平从未见过这么高大华美的树木，师父怎么看都不看就走了呢？"没想到徒弟眼中的奇树神木，在师父眼里竟然只是一文不值的朽木。

木匠回答："这棵树没什么用。用来造船，船会沉；做棺材，棺材会腐烂；做器具，器具会破裂；做门窗，门窗会流出汁液；做柱子，柱子会被虫蛀。正是因为它没有用，才会这么长寿，这么高大。"

晚上，木匠梦见这棵大树对他说："你怎么能说我没用呢？你想想看，那些所谓有用的橘树、梨树和柚树，在果实成熟时，就会被人拉扯攀折，树很快就会死掉。一切有用的东西无不如此。你眼中的无用，对我来说，正是大用。假如我像你所说的那样有用，岂不早就被砍了吗？"

木匠醒来，若有所悟。他把这个梦告诉了徒弟。徒弟问道："它既然向往无用，为什么要长在土地庙旁边呢？"木匠答道："如果它不是长在庙旁边，而是长在路中央，不也早就被人砍掉当柴烧了吗？"

当环境不利于生存时，许多人想明哲保身而不能。通过这个故事，我们可以知道，即使想当一个"是非红尘不到我"的自了汉，想要明

哲保身，也需要大智大勇。强出头、锋芒毕露，还妄想不遭人忌，那是不太可能的。然而，以无用之姿出现在世人面前，也要慎选环境，像故事里的栎树，长在神庙旁边，人们不敢在它身上动脑筋，反之，如果长在路中央，也许它早就成了刀下鬼。

曾国藩对"藏锋"有过精辟的论述："言多招祸，行多有辱；傲者人之殃，慕者退邪兵；为君藏锋，可以及远；为臣藏锋，可以及大；讷于言，慎于行，乃吉凶安危之关，成败存亡之间也！"

有时，失意者对你的怀恨不会立刻显现出来，因为他无力显现，但他会透过各种方式来泄恨，例如说你坏话、扯你后腿、故意与你为敌，主要目的则是——看你得意到几时，疏远你，避免和你碰面，以免再听到你的得意事。这样，你就会在不知不觉中失去了朋友。

谁都有过年少的锋芒毕露的时候，喷涌的才气永远是历史浪潮中最活跃的浪花。然而，随之而来的却是天妒贤能，风摧秀木。因此，我们就会看到凌厉锋芒被现实打磨时的无力与无奈。饱经沧海的长者告诉我们：韬光养晦，颐养天年。

藏而不露，并非不露。《易经》上说："君子藏器于身，待时而动。"把握好藏与露的分寸，最后才能露出真正的锋芒。

心灵悄悄话
XIN LING QIAO QIAO HUA >>>

"木秀于林，风必摧之；堆出于岸，流必湍之；行高于众，人必非之。"这句古语告诉我们，遇人遇事最好不要太过锋芒毕露。

在屋檐下记得低头

俗话说："人在屋檐下，一定要低头。"所谓"屋檐"，其实就是他人的势力范围，只要你在这股势力范围之中，并且靠这股势力生存，那么，你就是站在别人的"屋檐"下了。这"屋檐"很低，你不能抬起头，否则会受到很多有意无意地排斥和不知从何而来的欺压，在这种情形下，你一定要逆来顺受，低头沉默。

有人提出质疑：人在屋檐下，一定要低头吗？是的，一定要低头！这样做有几个好处：第一，不会因为不情愿低头而碰破了头；第二，不会因为自尊自大而招嫉恨以致成为被人打击的目标；第三，不会因为沉不住气而执意要把"屋檐"拆掉。

隋朝的时候，隋炀帝十分残暴，各地农民起义风起云涌，隋朝的许多官员也纷纷倒戈，转向农民起义军。隋炀帝的疑心很重，对朝中大臣，尤其是外藩重臣，更是易起疑心。唐国公李渊（即唐太祖）曾多次担任中央和地方官，所到之处，有目的地结交当地的英雄豪杰，多方树立恩德，因而声望很高，许多人都来归附。这样，大家都替他担心，怕遭到隋炀帝的猜忌。正在这时，隋炀帝下诏让李渊到他的行宫去晋见。李渊因病未能前往，隋炀帝很不高兴，当时李渊的外甥女王氏是隋炀帝的妃子，隋炀帝向她问起李渊未来朝见的原因，王氏回答说是因为病了，隋炀帝又问道："会死吗？"王氏把这消息传给了李渊，李渊更加谨慎起来，他知道隋炀帝对自己起疑心了，但过早起事又力量不足，只好低头隐忍，等待时机。于是，他故意广纳贿赂，败坏自己的名声，

整天沉湎于声色犬马之中，而且大肆张扬。隋炀帝听到这些，果然放松了对他的警惕。

试想，如果当初李渊不主动低头，或者头低得稍微有点勉强，很可能就被正对他起疑的隋炀帝给除掉了，哪里还会有后来的太原起兵和大唐王朝的建立？

低头认输，对一个人来说或许很难，因为我们自打出生起就被教育要坚强不屈，勇往直前，不准轻易掉眼泪，不准轻易认输。然而，人生道路上，谁能不遇到坎坷的事？谁能不做几件错误的事？明知错了还宁死不肯回头，那才是愚蠢，遇到挫折我们可以鼓起勇气重新来过，这是种英雄气概。发现错误，敢于回头，这是种勇气，更是种智慧。人生的道路不可能是笔直的，需要走弯路的时候就选适当的小路，这样或许会更接近目标；前方无路可走的时候，不妨退回来，而退却是为了更好地前进。

有时候，人就得示弱，就得低头认输。示弱需要勇气和智慧。一个人要想有成绩、干出一番事业，就必须记住该低头时就低头。学习低头，学会认输，其实并不难，只需要明智。当自己摸到一把烂牌时，不要希望这一盘能赢。因为只有傻子，才会对自己手上的一把烂牌说，我们只要努力就一定会胜利；学会低头认输，就要在陷入泥潭时，知道及时爬起来赶紧离开，因为只有笨蛋才会在狼狈不堪时对自己说，出淤泥而不染；学会低头认输，就是上错了公共汽车时，及时下车另外坐一辆车子，而不是坚持错坐到底。低头是需要勇气的，历史上不乏因缺少低头认输的勇气而怒杀进见之人的君王，现实也有不少见因缺少低头认输的勇气而酿成大错的人。

有一座新兴的城市，设计者们在街头矗立了许多骏马的雕塑，在这些骏马中，有一匹与众不同，它没有欢腾奔跑，也没有仰天长啸，而是低头寻觅。创作这些雕塑的艺术家的用意是：面对喧嚣的尘世、纷扰的人群，我们没必要表现出傲慢、怪异和过分张扬的样子，而应把自己的

言行举止融入人群当中，并始终把自己看作是社会上普普通通、实实在在的一员。

是的，面对社会，我们没必要昂首挺胸、牛气冲天。在人生的道路上，我们常常因光彩的事物而迷失了方向，以不屈不挠、坚韧不拔的强者精神坚持到底，结果输掉了自己。而最终的成功倒是那些凡事忍让，不逞能，不占先，心境平和宽容，做事持之以恒的人。

智者善屈尊，愚人强伸头。商人总是隐藏其宝物，君子品德高尚，而外貌却显得呆愚。必要时要藏其锋芒，收其锐气，不要不分场合地将自己的才能让人一览无遗，你的长处短处被别人看透，就容易被别人操纵。相反，采取低姿态能得到信任。屈尊、低头是一种守弱用柔、一种权衡，更是一种智慧。

做人不可无傲骨，但不可总是昂着高贵的头，不要怕承认错误，不要怕低头有损颜面，殊不知，善低头者才会更受人推崇与尊敬。

心灵悄悄话
XIN LING QIAO QIAO HUA >>>

古人说："唯有低头，乃能出头。"种子如不经过在坚硬的泥土中挣扎奋斗的过程，它终将只是一粒干瘪的种子，而且永远不能发芽生根，最终成长为一株大树。

识时务者为俊杰

"识时务者为俊杰"是我们很熟悉的一句话。然而，令人耳熟能详的不是我们在现实生活的运用，而是来自一些文学或者影视作品的大肆引用。每当一个反面人物策动一个背叛者归顺的时候，他总是把这句话当作撒手锏。其实，人们要是仔细琢磨这句话，其中的奥妙还真不少呢。"识时务者为俊杰"说辞最早用于诸葛亮的身上。

据《三国志·蜀志·诸葛亮传》记载，刘备当年打天下，流落到荆州，后来被蔡氏兄弟追杀，飞跃檀溪，逃到襄阳的水镜庄。水镜庄里有个著名隐士司马徽，人称"好好先生"，又叫"水镜先生"，意思"心如明镜"，很会鉴赏人才。当时的诸葛亮、徐庶等人都曾经向他求学问道。刘备求才心切，要求司马徽谈时务。司马徽很谦虚，就说："儒生俗士，岂识时务？识时务者在乎俊杰。此间自有伏龙、凤雏。"意思是说，我不过是个书生，哪懂什么时务，识时务者为俊杰，这里的俊杰有卧龙、凤雏两人。这里的卧龙是指诸葛亮，而凤雏是指庞统。后世以"识时务者为俊杰"来指那些认清形。

所谓俊杰，并非专指那些纵横驰骋如入无人之境，冲锋陷阵无坚不摧的英雄，而应当包括那些看准时局、能屈能伸的处世者。

现实生活是残酷的，很多人都会碰到不尽如人意的事情。残酷的现状需要你听命于人，这时候，你必须面对现实，要知道，敢于碰硬不失为一种壮举，可是，胳膊拧不过大腿，硬要拿着鸡蛋去与石头碰撞，只能是无谓的牺牲。所以，很多时候需要用另一种方法去解决问题。

魏征在隋朝末年追随武阳郡丞元宝藏策应李密的起义，担任典书记。后来被李密看中。然而，在李密那里，魏征并不得志，"进十策以干密，虽奇之而不能用"。后来，魏征随李密归顺了唐朝。在担任山东安辑大使期间，窦建德率兵攻陷了黎阳，魏征成了大夏国的一名起居舍人。后来，窦建德失败，魏征重又回到唐朝。在唐朝最初的几年中，魏征先是在太子李建成府中担任洗马。李世民登基后，将其拜为谏议大夫等职。可以说，在几十年的政治生涯中，魏征数易其主，用一般人的眼光，肯定不是一个立场坚定的人，至少不是一个忠臣，不能为主人杀身成仁。然而，历史并没有因魏征的这些"问题"而对其有所贬损，相反作为一代著名谏臣，他在历史上颇有地位。

魏征识时务还体现在生活的细节上。

有一次，客人送给唐太宗一只鹞鹰，非常漂亮。唐太宗见了喜欢得不得了，就架在胳膊上玩儿。忽然，他远远看见魏征走了过来，就将那只鹞鹰藏在怀里。可是，魏征却佯装不知，来到唐太宗面前，给他讲述历朝历代统治者玩物丧志而丢了江山、没了性命的故事。魏征唠唠叨叨说了很久，等到魏征走了，唐太宗敞开衣襟一看，那鹞鹰早给捂死了。《旧唐书》说魏征虽然貌不惊人，却"素有胆智，每犯颜进谏，虽逢王赫斯怒，神色不移"。

由此可见，能够准确地识别时机的转换，是英雄创业的基本前提。

回顾魏征的一生，不难看出魏征是个有胆有识的俊杰。想当年，他追随李密时，为的是将失去民心的隋王朝推翻，这是他识时务的表现，就是识国家之时务，识腐朽王朝即将崩溃之时务。为达这一目的，他多次给魏公李密上疏，劝他"有功不赏，战士心堕"。后来，唐太宗李世民即位，魏征被视为亲信，多次被"引入卧内，访以得失"。此时对他来说，最大的时务是保证社稷的长治久安，因而要尽量让皇帝和朝廷少

犯错误。

张良年少时因谋刺秦始皇未遂，被迫流落到下邳。一日，他到沂水桥上散步，遇一穿着短袍的老翁，老翁故意把鞋摔到桥下，然后傲慢地差使张良说："小子，下去给我捡鞋！"张良愕然，不禁拔拳想要打他。但碍于长者之故，不忍下手，只好违心地下去取鞋。老人又命其给穿上。饱经沧桑、心怀大志的张良，对此带有侮辱性的举动，居然强忍不满，膝跪于前，小心翼翼地帮老人穿好鞋。老人非但不谢，反而仰面长笑而去。张良呆视良久，老人又折返回来，赞叹说："孺子可教也！"遂约其五天后凌晨在此再次相会。张良迷惑不解，但反应仍然相当谦虚。

五天后，鸡鸣之时，张良便急匆匆赶到桥上。不料老人已先到，并斥责他："为什么迟到，再过五天早点来"。这一次，张良半夜就去桥上等候。他的真诚和隐忍博得了老人的赞赏，这才送给他一本书，说："读此书则可为王者师，十年后天下大乱，你用此书兴邦立国；十三年后再来见我。

张良惊喜异常，天亮看书，乃《太公兵法》。从此，张良日夜诵读，刻苦钻研兵法，俯仰天下大事，终于成为一个深明韬略、文武兼备、足智多谋的"智囊"。

无疑，张良是识时务的。正是他隐忍不发，甘居人下，才终于有了后来的出人头地。

心灵悄悄话
XIN LING QIAO QIAO HUA >>>

识时务者为俊杰。可以说，这是一个人行走在现实社会的人性丛林中的金玉良言，谨记在心，并且诚恳实践，必可在现实社会的丛林里履险如夷。

路是自己"让"出来的

人生旅途中，我们是不是也有过类似的遭遇呢？其实，给别人让路，也是在给自己让路啊！

有一位绅士过独木桥，刚走几步便遇到一个孕妇。绅士很有礼貌地转过身回到桥头让孕妇过了桥。孕妇刚一过完桥，绅士又走上桥。走到桥中央又遇到一位挑柴的樵夫，绅士二话没说，回到桥头让樵夫过了桥。第三次绅士不敢贸然上桥，而是等独木桥上的人走完才匆匆上了桥。眼看就到桥头了，迎面赶来一位推独轮车的农夫。绅士这次不愿回头了，摘下帽子，向农夫致敬："亲爱的农夫先生，你好，你看我就要到桥头了，能不能让我先过去。"农夫不干，把眼一瞪，说："你没看见我推车赶集吗？"话不投机，两人争执起来。这时，河面上浮来一叶小舟，舟上坐着一个僧人，两人不约而同请僧人为他们评理。

僧人双手合十，看了看农夫，问他："你真的很急吗？"农夫答道："我真的很急，晚了便赶不上集了。"僧人说："你既然急着赶集，为什么不尽快给绅士让路呢？你只要退那么几步，绅士便过去了，绅士一过去，你不就可以早早地过桥了吗？"

农夫一言不发。

僧人便笑着问绅士："你为什么要农夫给你让路呢，就是因为你快到桥头了吗？"

绅士争辩道："在此之前我已给许多人让了路，如果继续让农夫的话，我便过不了桥了。"

"那你现在是不是就过去了呢?"僧人反问道:"你既然已经给那么多人让了路,再让农夫一次,即使过不了桥,起码保持了你的风度,何乐而不为呢?"绅士的脸涨得通红。

古人说得好,人间冷暖变化无常,世路崎岖坎坷难行。走不通的地方,要懂得退一步让人先行的道理;走得过去的地方,也一定要给予人家三分的便利,这样才能逢凶化吉,一帆风顺。

其实,做人和走路是一样的道理,常言说退一步海阔天空,也是做人的一种技巧和方法。在这个纷繁复杂的社会里,人与人之间的关系也是复杂多变的,做人犹如在网中行走,不小心避让就会撞到墙壁,甚至撞得鼻青脸肿、头破血流。为人处世如果不能谦让容忍,不能拥有一个给人让路的胸怀,就好像飞蛾扑火、羚羊用角去撞篱笆一样,又怎能安乐地生活呢?

从另一个方面来说,予人方便也是予己方便。霸道、好强、斤斤计较只会给自己带来不必要的麻烦,一辈子活得不舒坦、不开心。

一个人只有站得高才能看得远,有以退为进、以守为攻的宽大胸怀,懂得容忍谦让的道理,人生又何愁不会一帆风顺呢?

给别人让路也就是给自己留路。有时,一个举手之劳可使一个人渡过难关,也往往因为这样,在你遇到难关的时候,你会收获意外的惊喜。

一位穷苦学生为了凑足学费,到外地挨家挨户地推销商品。由于他一心一意想凑足学费而不想多花钱,于是他决定硬着头皮向人讨一些食物。

他敲了一户人家的门,开门的是一个小女孩,他一看便失去了勇气,心想,哪有大男生向小女孩子讨吃的?于是,他只要了一杯开水解渴。

小女孩看出此时的他非常饥饿,于是,拿了一杯开水与几块面包给

他。他很快就把食物接过来狼吞虎咽地吃着，小女孩看到他这种吃法，不禁偷偷地笑了。

吃完后，他很感激地说："谢谢你，我应该给你多少钱？"小女孩傻傻地笑着说："不必了，这些食物我们家有很多。"

男生觉得自己很幸运，在陌生的地方还能受到他人如此温馨的照料。

多年以后，女孩感染了罕见的疾病，许多医生都束手无策。女孩的家人听说有一个医生的医术十分高明，找他看看或许还有治愈的机会，便赶紧带她去治疗。就在医生的全力医治和长期的护理下，女孩终于恢复了往日的健康。

出院的那天，护士交给她医疗账单，她几乎没有勇气打开来看，心中知道，可能要一辈子辛苦工作才还得起这笔医疗费。最后，她还是打开了，看到签名栏写了以下这段话："一杯水与几块面包，足够偿还所有的医疗费用。"

女孩眼里含着泪水，她终于明白，原来主治医生就是当年那个穷学生。

每个人都希望自己的人生路顺畅无阻，那就要靠自己的行动去修筑铺平，多为别人着想，多让别人受益，就等于捡去自己路上的石头，除去路上的障碍。只有为别人创造幸福的人才会得到幸福，只有为别人带来快乐的人才会拥有快乐，你让别人受益，就等于让自己受益。

心灵悄悄话
XIN LING QIAO QIAO HUA >>>

人生就是这样，你付出一份爱，就会收获一份爱，让别人的路通畅，你自己的路也会通畅，为别人让路就等于为自己铺路。

第四篇 >>>

坚持不懈成就成功的人生

行百里者半九十，任何成功都是坚持不懈的结果。人们往往因为坚持不到最后一刻而与成功擦肩而过。成功需要拼搏，更需要坚持，因为拼搏让成功成为可能，坚持让成功顺利到达。耐心和恒心总会得到回报，只要能充满信心地朝着理想的方向去做，下定决心过自己所想过的生活，你就一定会得到意外的成功。

你既然期望辉煌伟大的一生，那么就应该从今天起，以毫不动摇的决心和坚定不移的信念，凭自己的智慧和毅力，去创造你和人类的快乐。

成功需要等待

伏尔泰说："天分乃是持续不断地忍耐。"荀子说："不积跬步，无以至千里；不积小流，无以成江河。"任何事情，都有一个从量变到质变的过程，只有当数量的积累达到一定程度，才能引起质变。成功也要有一个过程，只有当你付出的辛劳、汗水、智慧达到一定程度后，才有望成功。想一蹴而就，是不可能的，生活不是速度竞赛。只要你脚踏实地一步一个脚印地前进，没有哪条路是走不到尽头的。

一位排名世界第一的保险推销员，即将告别他的推销生涯。应行业协会和社会各界的邀请，他将在这个城市最大的体育馆做告别职业生涯的演说。

会场座无虚席，人们在热切地、焦急地等待着这位当代最伟大的推销员做精彩的演讲。终于，大幕徐徐拉开，舞台的正中吊着一个巨大的铁球。推销员在人们热烈的掌声中，走了出来，站在铁球的一边。他穿着一件红色运动服，脚下是一双白胶鞋。

人们惊奇地望着他，不知道他要做出什么举动。这时两位工作人员抬着一个大铁锤，放到他的面前。推销员对观众讲道："请两位身体强壮的人，到台上来。"好多年轻人站起来，转眼间已有两名动作快的跑到台上。

推销员请他们用这个大铁锤去敲打那个吊着的铁球，直到把它荡起来。

一个年轻人抢着拿起铁锤，拉开架势，抡起大锤，全力向那吊着的

铁球砸去，但伴随一声震耳的响声，那吊球却动也没动。他用大铁锤接二连三地砸向吊球，很快他就气喘吁吁。另一个人也不示弱，接过大铁锤把吊球打得叮当响，可是铁球仍旧一动不动。

台下逐渐没了呐喊声，观众好像认定那是没用的，就等着推销员做出什么解释。

会场恢复了平静，推销员从上衣口袋里掏出一个小锤，用小锤对着铁球"咚"地敲了一下，他停顿了一下，再一次用小锤"咚"地敲了一下。人们奇怪地看着，推销员就那样"咚"地敲一下，然后停顿一下，就这样持续地做。

10分钟过去了，20分钟过去了，会场早已开始骚动，有的人干脆叫骂起来，人们用各种声音和动作发泄着他们的不满。推销员仍然一小锤一停地做着，他好像根本没有听见人们在喊叫什么。人们开始愤然离去，会场上出现了大片大片的空缺。留下来的人们好像也喊累了，会场渐渐地安静下来。

大概在推销员进行到40分钟的时候，坐在前面的一个妇女突然尖叫一声："球动了！"刹那间会场鸦雀无声，人们聚精会神地看着那个铁球。那球以很小的幅度动了起来，不仔细看很难察觉。推销员仍旧一小锤一小锤地敲着，人们好像都听到了那小锤敲打吊球的声响。吊球在推销员一锤一锤地敲打下越荡越高，"呼呼"作响，它的巨大威力强烈地震撼着在场的每一个人。终于场上爆发出一阵阵热烈的掌声，在掌声中，推销员转过身来，慢慢地把那把小锤揣进兜里。

推销员开口讲话了，他只说："在成功的道路上，如果你没有耐心去等待成功的到来，那么，你只好用一生的耐心去面对失败。"

这个故事写在这里，分享给大家，旨在期勉你也以这种持续的毅力每天进步一点点。比尔·盖茨很成功，他曾经说过："一次次的失败并不能把我打退，失败给了我力量。"我们都有构筑完美人生的能力，每个人都应该知道成功的秘密，那就是坚持的力量。

　　金耀基教授所著的《剑桥语丝》，讲述了许多充满人间温暖与尊严的故事。

　　剑桥人对所有地位显赫的"剑桥之子"固然会用各种方式表达出感念和爱戴，就是对在世俗眼中普通得不能再普通，却对剑桥做出过贡献的人也同样肃然起敬：

　　一位负责大学打字室工作的少女在这样平凡的岗位上一干就是50多年，兢兢业业，任劳任怨，把美丽和青春化作打字机上的一个个单调的字符，敲出了生命的星光，成为剑桥有史以来第一位获得荣誉博士学位的女性。

　　一位石匠，默默无闻，把一生的心血融化到剑桥宏伟建筑的石块中，让生命的坚毅变成永恒，剑桥人感念他，授予了他同样高的荣誉。

　　一位旧书商在剑桥大学内经营书店，为剑桥学子提供了无数精神的食粮，40年风雨无阻，直到生命的时钟走到了最后一刻。剑桥人感念他，破例以剑桥大学出版社的名义为他出了纪念文集。

　　人生的道路是曲折迂回的，有时候是平坦的康庄大道，有时候是崎岖的羊肠小径。越是曲折的人生越有意义，因为困难险阻正是考验人生的利器。剑桥何以能是剑桥？因为它能从生命的平凡中见出不平凡来，它能把生命的平凡硬是锻造成不平凡。

心灵悄悄话
XIN LING QIAO QIAO HUA >>>

　　失败与成功并不重要，重要的是你如何看待它。人生的过程正是我们战胜失败的过程。笑迎失败，走向成功，这才是我们应有的生活态度。

坚持是战胜对手最好的办法

路是脚踏出来的，历史是人写出来的。人的每一步行动都在书写自己的历史。

在人的一生当中，无论你做任何事情，你都会遇到对手，只有战胜对手，你才能获得成功。

那么，最大的对手、最难战胜的对手是谁呢？是你自己。所以，在人生的旅途中，学会战胜自己，是很重要的。

美国前总统肯尼迪说："从希望中得到欢乐，在苦难中保持坚韧。"人生最大的敌人不是别人，而是我们自己。因为对外界的敌人容易防备，反而对自己容易宽容。人们有时不能真正认识自己，不能控制、处理好自己的情绪，对自己的欲望常常抑制不了，脾气往往会控制不住，习惯往往很难改变，于是自己成为自己的敌人，与成功失之交臂，落入失败的深渊。

拿破仑曾经感慨地说道："我可以战胜无数的敌人，却无法战胜自己的心。"当你没有全力以赴地工作，你有什么资格说你的失败是环境的错呢？在日晒当头时你还在沉睡，你有什么资格抱怨时间太紧，无法完成任务呢？

我们要记住：只有战胜自己，才能迎接下一个目标；只有战胜自己，才能收获真正的丰收；只有战胜自己，才能战胜命运；只有战胜自己，才能迎来明日灿烂的太阳！向自己挑战，战胜自己吧！

司马迁受宫刑，仍然坚强不屈，完成了巨著《史记》；奥斯特洛夫斯基金战胜了自己，让世人看到了他那钢铁般的意志；张海迪全身高位

截瘫，自学四门语言，成了著名的作家。他们之所以取得了成功，都与他们战胜自己的精神不可分开。

著名的作曲家贝多芬一生有许多不朽之作，但很多有激情的曲目其实是在他失聪后创作的。

失聪，预示着一个音乐家音乐生命的结束，然而，贝多芬想出了战胜自己的方式：通过自己对音乐的认识，在脑中创作，手上弹，再用手触摸五线谱的木板往上写。最终，他创作出了《命运》交响曲，他战胜了自己。

战胜自己才能激发生命的活力，无论是健全的身躯还是残缺的臂膀，无论是优越的条件，还是困窘的环境，我们都需要战胜自己。战胜自己，要有奋发的勇气，要有克服困难的意志，同时还要不断总结，找到通向成功的途径。

一般人总是把对自己不友好的人或环境，当成自己的敌人，他们更容易将自己的失败归于他人的阻挠。实际上，战胜自己对他人和环境的厌恶，化敌为友，融入环境中去，才更易成功。

美国著名的政治家富兰克林，他的对手当时的身份是州议会议员。富兰克林在台上演讲时，那人在台下窃窃私语；富兰克林说到兴奋之处，那人却讥讽地哈哈大笑。富兰克林有权利阻止这个对自己充满敌意的人的所作所为，但是他没有，他总是面带微笑地看着他，然后继续自己的演说。

富兰克林知道那人喜欢藏书，每有珍贵的图书他总是想方设法买到，把它们放进自己书橱的那一刻，就是他人生中最快乐的时刻。有一次，富兰克林在议会大厦的大厅里遇到了他，便轻声问："我有许多珍贵的藏书，不知你有没有兴趣？"

那人吃了一惊，他不会想到他讥讽的对手会以这样主动而真诚的口气跟他说话。

富兰克林把家中的许多珍贵藏书赠给那个人，从此以后，他们之间

有了接触，谈论的话题从书籍发展到政见，最后，他们成为挚友。

与人争斗和忘记对手都是容易的，但在对手面前，笑面以待，把对手变为知己，却要经受人性上的巨大考验。从某种意义上说，把对手变为知己和朋友，你所要战胜的根本不是敌人，而是人性，是自己。

心灵悄悄话
XIN LING QIAO QIAO HUA >>>

很多时候人们的失败并非由于外在原因，而在于人们自身的一些恶习，我们最大的敌人是自己。要想成功，人们必须战胜自己，培养良好的品质。

坚持人际投资，必有厚报

本杰明·富兰克林："成功的第一要素是懂得如何搞好人际关系。"

人的内心格局一定程度上决定人的财富和成就。人脉等于钱脉，关系就是实力，朋友是最大的生产力。想成为什么样的人，就要跟什么样的人混在一起，同流才能交流，交流才能交心，交心才能交易。

爱因斯坦说："有了朋友，生命才显示出它全部的价值、智慧、友爱，这是照亮我们黑夜的唯一的光亮。"达尔文说："谈到名声、荣誉、快乐、财富这些东西，如果同友情相比，它们都是尘土。"一个有良好人际关系的人，才真正算得上是一个富有的人。台湾著名潜能大师陈安之说："一个人的人际关系（人脉）等于钱脉，人之所以能赚钱是因为他有人脉，成功不是靠自己，成功是靠别人的。"

人际关系是在人们的物质交往与精神交往中发生、发展和建立起来的人与人间的直接的心理关系。人际关系是人们的职业生涯中一个非常重要的课题，良好的人际关系是人们舒心工作、安心生活的必要条件。人际关系的重要性几乎获得所有人的一致认可，可以说人除了睡觉以外的时间几乎都在和别人打交道，而人际关系却是公认最难处理的事情，一辈子与人打交道，一辈子受到人际关系的困扰。

在美国，曾有人向 2000 多位雇主做过这样一个问卷调查："请查阅贵公司最近解雇的三名员工的资料，然后回答：解雇的理由是什么？"结果，无论什么地区、无论什么行业的雇主，三分之二的答复都是："他们是因为不会与别人相处而被解雇的。"

很多成功的商界人士都深深意识到了人脉资源对自己事业成功的重要性。曾任美国某大铁路公司总裁的 A．H．史密斯说："铁路的95%是人，5%是铁。"美国钢铁大王及成功学大师卡耐基经过长期研究得出结论："专业知识在一个人成功中的作用只占15%，而其余的85%则取决于人际关系。"所以说，无论你从事什么职业，学会了处理人际关系，你就在成功路上走了85%的路程，在个人幸福的路上走了99%的路程了。无怪乎美国石油大王约翰．D．洛克菲勒说："我愿意付出比天底下得到其他本领更大的代价来获取与人相处的本领。"

俞敏洪讲过一句话："你要想知道你今天究竟值多少钱，你就找出身边最要好的三个朋友，他们收入的平均值，就是你应该获得的收入。"

法国亿而富机油前总裁，每年都定下目标，要与1000个人交换名片，并跟其中的200个人保持联络，跟其中的50个人成为朋友。其实，每个人职业和事业上的贵人就在身边，关键是要有人脉资源经营的意识，用心寻找，并用心经营。

你有价值，你身边有很多朋友，他们也各有自己的价值，那么为什么不把他们联系起来，彼此分享更多的价值呢？如果你只是接受或发出信息的一个终点或起点，那么你的人脉关系产生的价值是有限的；但是，如果你成为信息和价值交换的一个枢纽，那么别的朋友也更乐意与你交往，你也能促成更多的机会，从而巩固和扩大自己的人脉关系。所以，寻找并建立自己的价值，然后把自己的价值传递给身边的朋友，促成更多信息和价值的交流，这就是建立强有力的人脉关系的基本逻辑。

人脉投资是世界上威力最猛的投资，它所产生的效果是所有投资的总和。只要你学会了投入之道，就会在同行中遥遥领先、鹤立鸡群，直接进入成功者的行列。自古以来，在职场中的一些成功人士，最常说的一句话就是："人脉等于钱脉。"顾名思义，在职场如果懂得运阳人脉就能赢得更多的成功机会。

在美国，有一句流行语："一个人能否成功，不在于你知道什么（what you know），而是在于你认识谁（who you know）。"在当前这个高速发展的知识经济时代，人脉已成为专业的支持体系。对于个人来说，专业是利刃，人脉是秘密武器，如果光有专业，没有人脉，个人竞争力就是一分耕耘，一分收获，但若加上人脉，个人竞争力将是一分耕耘，数倍收获。因此，开发和经营人脉资源，不仅能为你雪中送炭，在"贵人"多助之下更能为你的事业发展锦上添花。

一个人事业上的成功，80%归因于与别人相处，20%才来自自己的专业技术。人是群居性动物，人的成功只能来自他所处的人群及所在的社会，只有在这个社会中游刃有余、八面玲珑，才可为事业的成功开拓宽广的道路，没有非凡的交际能力，免不了处处碰壁。没有交际能力的人，就像陆地上的船，永远到不了成功的彼岸。人脉的累积，等于累积你的本钱，而掌握住人脉就等于掌握住七成的成功率。

心灵悄悄话
XIN LING QIAO QIAO HUA >>>

生活中，你无论有多么强的能力，多么好的条件，如果没有良好的人际关系，也难以取得成功，自然也就不会拥有健康的身心和幸福的生活。

长期坚持学习是成功的关键

高尔基说过："应该随时学习，学习一切；应该集中全力，以求知道得更多，知道一切。"

在佛教经典《法华经·化城喻品》中讲了这样一个故事：

很久以前，有一位导师带着一群人去远方寻找珍宝。由于路途艰险，他们晓行夜宿，非常辛苦。走到半途时，大家累得受不了了，便七嘴八舌地议论着，打起了退堂鼓。导师见众人这样，便暗施法术，在险道上幻化出一座城市，说："大家看，前面不就是一座大城！过城不远，就是宝藏所在地啦。"众人见眼前果然有座大城，便又重新鼓起劲头，振奋精神，继续前行。就这样，在导师的苦心诱导下，众人历尽千辛万苦，终于找到了珍宝，满载而归。

古代思想家荀况说过："锲而舍之，朽木不折；锲而不舍，金石可镂。"这句话说明了目标专一和持之以恒是成功的必由之路。这样的例子真是俯拾皆是，不胜枚举。

德国医学家欧立希立志制出一种药剂。经过长期不懈的努力，在失败了 666 次之后，终于制出了药剂 666。

清朝初期的著名学者、史学家万斯同参与编撰了我国重要史书《二十四史》。万斯同小时候是一个顽皮的孩子。有一次，他由于贪玩，遭到了宾客们的批评。万斯同恼怒之下，掀翻了宾客们的桌子，被父亲关到了书房里。万斯同闭门思过，并从《茶经》中受到启发，开始用

心读书。转眼一年多过去了，万斯同在书房中读了很多书，父亲原谅了他，他也明白了父亲的良苦用心。万斯同经过长期的勤学苦读，终于成为一位通晓历史、遍览群书的著名学者，并参与了《二十四史》之《明史》的编修工作。

反之，学习或工作上浅尝辄止，永远不会带来成功，只能浪费时间，白费气力，到头来无所作为。

一个人的心志是成败的关键。只要心中的灯火不曾熄灭，即使道路再崎岖难行，那片光明也会指引方向，最终引领我们到达终点。

1969年，高中没有毕业的龚美伦响应党的号召，上山下乡。那段"艰苦岁月"着实锻炼了龚美伦的筋骨，磨砺了她的意志。

1984年，她决定参加自学考试，成了成都市第一批青年自修大学的学生。1988年，她通过11门课的考试，获得了自考汉语言文学的大专文凭。当年，她作为优秀学员，上了《四川日报》。"人生中总会有个机遇在等待着你，去实现你的梦想，只要你抓住了就会成功。"龚美伦深有体会地说。

参加会计电算化培训的时候，她是年龄最大的一个。"年龄大，并不能说明你不行。"龚美伦说，"只要自己认真对待，肯学习，什么都能学得会。"经过全脱产的一个月培训后，她成了全县第一批拿到会计资格从业证的女同志。

她说，这几十年，自己不断抓住机遇学习进步，最让她忘不掉的是她孜孜不倦的求知之路。

在平时的生活与工作中，我们要时刻提醒自己，做事不能半途而废，要有坚忍不拔的毅力和顽强不屈的奋斗精神，时刻调整自己的方向和方法，不让自己偏离目标，遇到困难和压力时用持久的耐力造就成功。

陈平是西汉名相，少时家贫，与哥哥相依为命。为了秉承父命、光耀门庭，他不事生产，闭门读书，却为大嫂所不容。为了消弭兄嫂间的矛盾，面对大嫂的一再羞辱，他隐忍不发。随着大嫂的变本加厉，陈平终于忍无可忍，离家出走，欲浪迹天涯。被哥哥追回后，又不计前嫌，阻兄休嫂，在当地传为美谈。终有一位老者，慕名前来，免费收其为徒授课教学。陈平学成后，辅佐刘邦，成就了一番霸业。

现在有许多孩子，不坚持学习，不忍受寂寞，不愿意吃苦，不为人生选好坐标，却梦想一夜成名、一夜巨富，这不仅不现实，而且容易碰壁。正确的做法应该是先认识自己，发现自己的爱好和特长，并持之以恒地努力，那么幸运之神会等着你。

我国清代学者王国维曾总结了学习的三个境界。其一为志存高远，"昨夜西风凋碧树，独上高楼，望断天涯路"；其二为持之以恒，"衣带渐宽终不悔，为伊消得人憔悴"；其三为成功境界，"蓦然回首，那人却在灯火阑珊处"。

自古以来，凡是成就大事业、大学问的人，无不经过这三种境界。我们要想达到自己的志向，也要以勤为径，上下求索，执着追求。终有一天，会豁然开朗，功到事成。

心灵悄悄话
XIN LING QIAO QIAO HUA >>>

只要坚持就一定会有所收获。我们身边有那么多活生生的例子，他们通过自己坚持不懈的努力，最后都达到了自己的目标。循序渐进地学习，只要坚持下去，我们一定可以找到学习的乐趣。

屡战屡败与屡败屡战

人生之光荣，不在永不失败，而在能屡仆屡起。据说，屡战屡败与屡败屡战来源于一个经典的奏章。

清朝末年，曾国藩与太平军作战时总打败仗，有一次向咸丰皇帝乞求增援，上的折子中有一句是"臣军屡战屡北（败）"。师爷马家鼎看了后，提意见说，"屡战屡北（败）"词意颓唐，不妨易为"屡北（败）屡战"。朝廷看到奏章后，认为曾国藩虽然连遭失败，但仍坚持战斗，其忠心可嘉，不仅没有严议，反而予以重用。

一字之差，意思截然相反。将"屡战屡败"改为"屡败屡战"，不仅仅只是一种词序上的简单颠倒，而且反映了对待失败的两种截然相反的人生态度。前者反映的是心灰意冷、意志消沉的悲观情绪，而后者反映的则是一种毫不气馁、百折不挠的顽强意志。

从《动物世界》节目里曾看到过这样一个片段：一只狼在草丛中埋伏了几天，却连一只羊也抓不到。但这只狼面对失败，从未退缩、屈服，它甚至没有一点沮丧。它要做的只是默默地承受失败，忍受饥饿，然后从失败的行动中总结经验教训，以便在下一次捕猎时避免重蹈覆辙。最终它获得了自己所需的猎物。

狼的经历告诉我们：人生的道路不可能是一帆风顺的，总会遇到各种坎坷，一个人成功还是失败，关键在于遇到困难、遭受挫折和失败后所持的态度，在于是否经得起失败的考验。失败如不配上坚强的意志和一贯的恒心，它就只能是"失败"，不会孕育出成功来。

在激烈竞争中，有人靠自己的智慧和能力率先获得了成功，也有人因种种失误经受着失败的痛苦。但成功和失败对于一个人来说总是在变化着的。面对的究竟是失败还是成功，就看是否能像狼那样把握自己。

在香港的赛马场上有一匹叫作"春丽"的赛马，它在过去一共参加了113场比赛，结果输了113场。不过尽管如此，还是有许多市民争先恐后地购买门票，观看"春丽"的比赛。为什么这一匹从未有过"辉煌战绩"、屡战屡败的赛马，还能吸引众多市民的观赛热情呢？就是因为"春丽"那种屡败屡战的精神感染和鼓动了每一个人。

面对众多失败和别人的嘲笑时要有一种坦然的心境。在一次又一次的失败打击下依然能够巍然不倒，是一种意志力的体现，是在面对无数次打击时屈服与奋进的正确抉择。

人生的成功秘诀之一就在于如何面对失败。生活中许多人往往只能领受成功的欢欣，享受收获的喜悦，而不能接受失败的现实，承受失败的打击。殊不知，面对失败，苦恼和沮丧只会使自己在消沉的泥沼里越陷越深，难以冲出自设的牢笼。

我们常说允许失败，而不允许停步，这话是有道理的。人生之路漫长而坎坷，我们不能因一次失败而失意，也不能因两次失败而失志，更不能因三次失败而彻底放弃、躺倒不干。要明白，一次失败不要紧，多次失败亦无关紧要，要紧的是，不被失败击垮，失败了，但绝不是失败者。因为失败只是对奋斗过程中某一环节的努力的评价，而失败者却是对一个人一生的论断。前者使人觉得有希望，后者却只给人带来失望与消沉。因此，一个人屡战屡败并不表示他就是个失败者；一个人能够屡败屡战，就表示他并未失败！只要一个人的斗志还在，他就不是一个失败者。

人生不怕屡战屡败，只怕没有上战场的勇气。屡败屡战是一种不轻言放弃的孜孜追求，是忘我的奋斗。对付屡战屡败的最佳方法，就是屡败屡战。我们应从"屡败屡战"中得到启示，自觉克服"屡战屡败"

的消极心理，在困难面前不低头，在逆境之中不动摇，在艰险面前不退缩，在失败面前不气馁，以坚定的信心、顽强的意志和刚韧的毅力，勇往直前，百折不挠，披荆斩棘，攻关夺隘，直到取得最后的胜利和成功。

心灵悄悄话
XIN LING QIAO QIAO HUA >>>

　　失败和成功好比乐曲中两个不同的音符，人生如歌，不可能永远失败，也不会总是成功，失败常常是成功过程中必不可少的一道工序。

把小事坚持做到底就是赢家

张瑞敏说:"什么叫作不简单?能够把简单的事情天天做好就是不简单。什么叫作不容易?大家公认的非常容易的事情,非常认真地做好它,就是不容易。"

成就大事固然离不开坚持,点滴小事也需要坚持。长跑、练书法、打扫房间、早起念英语,看起来都是小事一桩,不做关系也不大,但若你试着督促自己天天去做,日积月累,你得到的就可能是健康的身体、漂亮的字迹、整洁的环境、地道的英语口语。天天坚持一点点,收获会让你欣喜不已。坚持是成功前的一种状态。

如果一个人想做大事,那么他首先必须能把小事做得很好很认真。一屋不扫,何以扫天下?把一件小事做好很容易,把一千件一万件小事做好就不简单了。

如果大事做不来,小事又做不好,那我们的人生不是毫无意义吗?

所以,无论你能否做大事,都要首先把小事做好。做生意不能只想赚大钱,看到小钱就不想赚,睡大觉去了。如果这样,能力再怎么强都不可能成功。不管店面多小,都是生意,只要抱着一心一意为顾客服务的精神,必定可以赢得顾客的欢心,生意蒸蒸日上。

工作中无小事,看似简单的事情,坚持下来就是成功。坚持小事要求人们必须具备一种锲而不舍的精神,一种坚持到底的信念,一种脚踏实地的务实态度,一种自动自发地责任心。懂得把握的人,总有一天会登上他自己心目中的顶峰。

2007 年好评如潮的电视剧《士兵突击》塑造了许三多这个人物形象，使其成为 2007 年百度第一位的人物，成为超越李安、王朔等人的年度新锐人物，成为登上报纸、杂志封面最多的电视剧人物。那么，这个迟钝、木讷、一根筋、笨手笨脚……几乎拥有了所有"聪明人的世界"中不该出现的缺点的人物怎么会成功的？是因为一分耕耘一分收获，许三多脚踏实地地勤奋学习，才得到他想要得到的东西，实现目标，收获梦想。

在小事上能够体现出个人的素质和素养，如果都像许三多那样，抱着"吃亏是福"的心态，每做一件小事的时候，都像救命稻草一样抓着，把这些小事做得尽善尽美，说不定就会有意想不到的收获，正如许三多的连长所说："有一天我一看，好家伙，他抓着的已经是让我仰望的参天大树了。"

当你开始怀疑自己的能力、自信心有所动摇时，比比这个傻里傻气、被战友们称为"许木木"的人，你难道不该重新燃起自信吗？每个人的潜力都是无穷的，只要今天比昨天进步一点点，那就是成功！

正如成才教育许三多时说的那样："机会多稀缺，成功多不易，不进则退！"抓紧每一天、每一分、每一秒，好好珍惜，把握机会。所有的人都在全力以赴，一往无前，你如果不进步，别人就会把你抛下。

做好小事，还可以让我们养成优秀的习惯。很多人不明白，优秀的习惯从哪里来？其实就是从小事中来。比如，把字写好是小事，但如果坚持把每个字写好，我们就会收获"一手好笔法"的习惯。

做好小事，也可以帮助我们积累自信。自信的本质是成功的体验，体验积累得越多，人就越自信。相反，自卑的本质是失败的体验。因此，积累自信最重要的源泉就是做好每一件小事。把每一件小事做好做成功，我们就可以积累出强大的自信。

做好小事，可以打造人生最重要的品质。做好每一件小事，意味着认真投入、全力以赴，意味着坚韧不拔、持之以恒。认真和坚持，是做大事的最重要的品质。

做好小事，是我们走向成功的必由之路。大事是由小事有机组成的，任何人的成功都是通过做好大量的小事来铺垫和积累的，量变的积累引起质变。

有的人急于实现目标，重结果轻过程，在经过一些努力后，发现目标依然遥远，就泄气甚至绝望，从而与成功无缘。能够获得成功的人，多是做事有条不紊、坚持不懈的人。人，贵有理想，更可贵的是能为理想坚持不懈地奋斗。老子说过："九层之台，起于垒土；千里之行，始于足下。"孔子也说："欲速，则不达；见小利，则大事不成。"因此，我们做事既要放眼长远，又要做好眼前的点点滴滴。

心灵悄悄话
XIN LING QIAO QIAO HUA >>>

凡事要坚持从小事做起，不要急于求成，不要被困难吓倒，要认真对待每一天，相信只要坚持做好一点一滴的事，距离成功的目标一定会越来越近。

耐住寂寞，等待最佳时机

狄斯累利说："人生成功的秘诀是当好机会来临时，立刻抓住它。"

大凡天下有所成就的仁人志士总能耐得住寂寞，唯有此，当度过那段寂寞的时光后才可能成就自己的一番事业。

任何方面的成功，都不会是简单的，也不会是唾手可得的。成功越大，其难度和所需要的时间、精力也就越多，正如爬上世上最高的山峰，要比爬上一个小斜坡困难得多一样，要想取得巨大的成功，就必须不停地付出，不停地努力，不要见异思迁，要耐得住成功路上的寂寞，耐得住世俗的流言蜚语。

《菜根谭》有言："栖受道德者，寂寞一时；依附权势者，凄凉万古。达人观物外之物，思身后之身；宁受一时之寂寞，毋取万古之凄凉。"只有耐得住寂寞，才能干一番真正的事业，才能成就大事。让我们回头看一下历史，不难发现，凡是心态摆正、耐得住寂寞的人，在历史上都留下了光辉的一页。

中国历史上唯一的女皇帝武则天，14岁入宫为才人，被唐太宗赐号"武媚"。唐太宗去世后，她出家当了尼姑。但她不急不躁，养精蓄锐，等待时机，先是回到宫中，卑躬屈膝侍奉皇后，后又团结上下左右，巧妙地运用政治手腕，从寂寞开始，逐打破寂寞，终成就顶峰大业。

伟大的音乐家贝多芬正是耐住了寂寞，抗住了失聪带给他的打击，

才作出了《命运》《月光》等杰出作品。耳疾使他远离了世俗的声音，却使他更清楚更理性地听到了自己内心的呼唤。

耐得住寂寞的意义在于：安静躁动的心灵，熨帖狂乱的灵魂，把无休无止无尽头的欲望归于最有价值最有意义的地方。可见，耐得住寂寞是人生的一种境界，是一种自信而从容的气质。只有耐得住寂寞，才能收获冷静和智慧，才能不为浮躁世俗所左右，甚至埋没意志，才能保持头脑清醒，才能成就大事。

寂寞不一定要到深山荒漠里去寻求，只要内心清净，随意在市井街巷都可以感觉到一种悠逸的境界。而若六根不净，唯官是求，唯名利是瞻，抗御不住声色犬马的诱惑，是绝对耐不住寂寞的。

自古以来凡是成大事者，都是具有坚忍不拔的意志和耐得住寂寞的人。只有耐得住寂寞，才能成就一番事业，实现人生价值。

大画家齐白石说："画者，寂寞之道。"他衰年变法，十载关门，声言"饿死京华，公等勿怜"，终成为中国画之巨擘。

25岁就获得哲学硕士学位的黑格尔，躲在偏僻的伯尔尼当了6年的家庭教师，于缄默中摘抄了大量卡片，写了大量笔记，终于成为集德国古典哲学之大成的伟大哲学家和美学家。

寂寞常常是雅俗贵贱的分水岭。耐得住寂寞，就能心灵平静，宠辱不惊。寂寞是静与独的积淀和升华，可以让人归拢思维，进行本质的反省和探究，还有深刻的思考，从而对事业专情凝注，心无旁骛。

钱学森先生一生对金钱和做官都不感兴趣，最主要的财富是书籍和知识。他也有过一些额外的收入，譬如价值100万港币的"何梁何利基金优秀奖"，可他连支票碰也没碰就捐了出去。然而，正是如此淡泊，才得以明志，使他能够聚精会神于伟大的科学研究。

耐得住寂寞，要经得起喧嚣和浮躁的诱惑。寂寞，有时是一种豁达潇洒，有时又表现为一种虚怀若谷。都市潮起潮落，能泰然自若；尘世风起云涌，均尽收眼底。不为潮流所动，不为喧嚣所惑，就能耐得住

寂寞。

李白有诗云："古来圣贤皆寂寞。"道出了恪守寂寞的伟大。寂寞往往伴随着孤独，敢于直面寂寞，需要宁静的心灵和高尚的灵魂。耐得住寂寞，不能心浮气躁、随波逐流、急功近利，而应持之以恒，力学笃行，认认真真做事，踏踏实实做人，始终保持一颗平常心。

心灵悄悄话
XIN LING QIAO QIAO HUA >>>

现代人要甘于享受寂寞，更需要有对事业的痴迷执着，对生活的热情挚爱，以及对功名利禄的无所追求。

在逆境中再坚持一会儿

梅格门斯顿说："努力不懈的人，会在人们失败的地方获得成功。"

坚持就要有吃苦的精神。俗话说："吃得苦中苦，方为人上人。"人在年轻时，吃点苦，不仅能锻炼人的意志，而且能锤炼人的性格。吃苦耐劳是苦涩的，然而它的果实是甜蜜的。正如冰心说："成功的花，人们只惊慕她现时的明艳，然而当初它的芽儿，浸透了奋斗的泪泉，洒遍了牺牲的血雨。"

我们会遇到各式各样的打击与阻力，哪怕只是一点小小的支持与鼓励，也会是一股强大的力量，但常常在需要这股力量的时候，却只是孤单一人。让我们学着自己给自己这样的力量与支持，哪怕全世界冷眼旁观，也请支撑下去。相信，守得云开见月明！

电话是贝尔发明的，但发明电话的大量工作却是由爱迪生等科学家完成的，贝尔所做的仅仅是将电话中的一个零件转动了4.1周。为此，双方走上法庭，法庭最后将电话的发明权判给了贝尔。法官说，虽然爱迪生等人做了大量的工作，但他们最终认为电话没有实用价值而放弃了，可贝尔没有放弃，他将螺母转动了4.1周，改变了电流强度，使电话有了实际用途，所以电话的发明权归贝尔。

爱迪生等科学家距离成功有多远？仅仅是将一个零件转动4.1周的距离。成功与失败，往往只有一步之遥，许多伟大的成就都是坚持和等待的结晶。只要你能多坚持一会儿，胜利的希望就会增加一分。

许多成功者和失败者的唯一区别，往往在于多坚持一会儿，这一会儿，有时是几年，有时是一天，有时仅仅是一个瞬间。

"行百里者半九十"，最后的那段路，往往是一道难越的门槛，因为在我们历尽艰辛、心力交瘁的时候，即使一个小小的变故或者障碍都有可能把我们击倒。这个时候，意志就显得至关重要了。

太阳每一天都是新的，停下来哭泣和幽怨是徒劳的，只有每一天都抖擞精神、重整旗鼓才能创造新的起点和希望。人生的第一要义在于活着，活着是一种逆水泛舟、百舸争流的状态，一日不进取就是倒退，唯有坚定方向掌握技巧不停地跑，才会向前再向前。就让时光、流水伴随那些不得不失去的东西一起后退吧，你追求的是永无止境的黄金，失去的终归是那些看得见的垃圾。要把哭泣的时间用来架起一座从失望到希望的桥；把驻足痛苦的时间用来采集化悲伤为快乐的甘霖；把挣扎于苦海的时间用来寻找启航的明灯。

不要埋怨生活的不公平，生活从你那里夺走了什么，一定会以另一种形式补偿给你。只有品尝了生活的酸甜苦辣，才算是读懂了生活。也正因为生活是不公平的，我们的生活才多姿多彩，有了更多追求，才会活得更加有劲！

俗话说："恒心筑起通天路。"成功的希望就在坚持与放弃这一念之间。也许有时候成功就站在不远的前方，我们需要做的是一次又一次地坚持，一步又一步地前进。当放弃的意志袭上心头时，我们应该坚决地对自己说："再坚持一会儿。"

一个拳手说："在受到对手猛烈重击的情况下，倒下是一种解脱，或者说是一种诱惑。每当这时候，我就在心里对自己叫喊：挺住，再坚持一下，再坚持一下！因为只有我不倒下，才有取胜的可能。"

德迈斯特说过：成功的秘密在于知道怎样等待。没有播种就没有收获，必须耐心地、满怀希望地长时间等待，才能尝到最甜的果子。东方也有一句格言用来形容成功的漫长过程："时间和耐心能把桑叶变成云霞般美丽。"再坚持一会儿，可能就是另外一番风景了。

人生中的一切都可以用来乐观地享受，包括失去，包括孤独，包括艰难，包括人生追求的全过程。人生这本书只有在失去后才能读出真正的味道。如果仅将失去看作痛苦，就会感觉自己从来没有拥有过幸福，你的世界将永远是一片黑暗。只有享受人生所有的过程才能看到人生的五彩缤纷。历经艰难磨炼出来的生存精神确实是你一生取之不尽、用之不竭的财富。

心灵悄悄话
XIN LING QIAO QIAO HUA >>>

过去已经成为历史，成也好，败也好，都不是人生永恒的定局。奋斗是永无止境的，你最紧要的，莫过于尽快正视现实，适应环境，在生活磨炼中成才立业。

规划你的人生

左拉："生活的道路一旦选定，就要勇敢地走到底，决不回头。"

人生是一趟旅行，没有返程票。时间就是生命，人生何其短暂，请珍惜有限岁月，活出自己，活出价值。人生之路要自己走，要过怎样的人生，完全是自己的选择，只有自己才能赋予生命最佳的诠释。

人生像一场戏，不同的场合、不同的阶段，你要扮演不同的角色，重要的是，无论演什么，都要像什么。人生的愿望在于：成为自己的老板，掌握自己的命运，主宰自己的时间，创造自己的快乐，追求自己的幸福。人生最重要的事，不是您现在站在何处，而是您今后要朝哪个方向走去，只要方向对，找到路，就不怕路远。

有人说，人生就像一盘棋，它所走的每一步都决定着下一步的方向，要实现崇高的理想，就得选准主攻方向。"九层之台，起于垒土"。要实现崇高的理想，就得打好坚实的基础。周恩来总理，早在天津读初中时就立下"为中华之崛起而读书"的壮志。

人贵有自知之明。我们在选择目标时，一定要知自己之长短，知环境之利弊，扬长避短，兴利除弊。历史上很多理想落空者，不是缺乏热情和才能，而是没有找准具体目标，于是东一榔头西一棒，最终还是一事无成。

一个人的精力是有限的，把精力分散在好几件事情上，不仅是不明智的选择，更是不切实际的考虑。专心地做好一件事，你就能有所收益，突破人生困境。

在对一百多位在其所在行业获得杰出成就的男女人士的商业哲学观

点进行分析之后，著名行为学者哈迈尔发现了这个事实：他们每个人都在很早的时候就对自己的人生做了明确的规划。

做事有明确的目标，不仅会帮助你培养出能够迅速做决定的能力，还会帮助你把全部的注意力集中在一项工作上，直到你完成了这项工作为止。成功的人都能够迅速而果断地做出决定，他们总是首先确定一个明确的目标，并集中精力、专心致志地朝这个目标努力。

伍尔沃斯的目标是要在全国各地设立一连串的"廉价连锁商店"，于是他把全部精力用在这件工作上，最后终于实现了这一目标，而这一目标也使他成为成大事者。

林肯专心致力于解放黑奴，因此成为美国最伟大的总统。

李斯特在听了林肯的一次演讲后，内心充满了成为一名伟大律师的欲望，他把全部心力专注于这项目标，结果成为美国最伟大的律师之一。

从他们的成功历程可以看出，所有成大事的人物，都把某种明确而特殊的目标当作他们努力的主要推动力。专心就是把意识集中在某一个特定欲望上的行为，并要一直集中到找出实现这项欲望的方法，而且将之付诸实际行动。自信心和欲望是构成成大事者的"专心"行为的主要因素。没有这些因素，专心致志的神奇力量将毫无用处。为什么只有很少数的人能够拥有这种神奇的力量，其主要原因是大多数人缺乏自信心，而且没有什么特别的欲望。

人生规划对于一个人有多么重要！一个好的人生规划价值亿万金。规划的第一步，是找到人生的梦想！一个人的生涯是漫长的，我们将其划分为不同的阶段，明确每个阶段的目标，事先做好规划，对更好地实现自己的人生价值将是很有好处的。

对人生来说，最重要的不是你从哪里来，而是你要到哪里去。无论你过去如何不幸、如何平庸，只要你对未来保持希望，你就会充满力量。

成功的首要步骤是选定你的目标，放弃所有与目标无关的事，然后

坚持到底，永不放弃。这个世界上，只有对自己的人生有明确规划的人才真正能够取得成功、拥有幸福。

那么，你准备好了吗，是否打算认真规划自己的人生？或者教导你的孩子规划好自己的人生？始终以良好的心态面对未来，你一定会有成功的那一天！

心灵悄悄话
XIN LING QIAO QIAO HUA >>>

一个人要成功，就要有明确的目标和"一定要"达到目标的决心。在成功之路上需要一个明确的限时进度表。设立目标必须通过严谨的思考和精密的测算。而目标设立后，绝不能轻易放弃和改变。

不要抛弃自己内心的坚持

夏洛蒂·勃朗特："人活着就是为了含辛茹苦。人的一生肯定会有各种各样的压力，于是内心总经受着煎熬，但这才是真实的人生。"

世界上有这么一种人，似乎特别得到老天爷的偏爱——他总是有自己的理想，并且总是努力去做，最重要的是，老天爷每一次都会帮他取得成功。是不是很令人羡慕？其实，每个人的人生各不相同，每个人都可以打造自己别样的人生。

一个人内心坚定，才可能获得精彩而非轻佻的人生。一个幸福的愿望可以得到全世界的协助，内心的坚定会帮助你积聚外界的能量。而一个内心空虚的人，又如何凝聚力量来实现自己的愿望？

一个人没有压力就会轻飘飘的，难以有作为。选择压力，坚持勇往直前，就能成就自己的辉煌。曾经的失败并不意味着永远的失败，曾经达不到的目标并不意味着永远达不到，你可以有自己的梦想，你可以为自己的人生树立一个目标并奋斗。

法国大作家巴尔扎克年轻的时候，决心从事文学创作，但是，他全家都不同意，认为他不是当作家的材料。由于他的坚持，父母同意给他一年时间，提供他一切方便，让他从事写作。一年过去了，他什么也没有写出来，父母不再支持他，让他自力更生，自谋出路。他在极其贫困和艰难的情况下，坚持写作，终于写出了统称《人间喜剧》的 100 多部小说，跻身于世界著名的伟大文学家之列。恩格斯认为他的《人间

喜剧》所反映的法国社会，比当时所有历史学家、经济学家、统计学家、社会学家的所有著作的总和还多。

一生要走多远的路程，经过多少年才能走到终点？梦想需要多长时间才能慢慢实现？只要充满期待，希望就不会幻灭。一个人想干成任何大事，都要能够坚持下去，坚持下去才能取得成功。说起来，一个人克服一点儿困难也许并不难，难的是能够持之以恒地做下去，直到最后成功。

人生有许多"柳暗花明又一村"的时候，在遇到挫折时，你不妨再试一次。在我们的生活中，一个绝境就是一次挑战、一次机遇，如果你不是被失败吓倒，而是奋力一搏，那么你一定会因此而创造超越自我的奇迹。

心灵悄悄话
XIN LING QIAO QIAO HUA >>>

坚持是最重要的成功因素。是上天给所有人最珍贵的礼物。在奋斗过程中即使跌倒了一百次，只要你能够再站起来，坚持到最后，你就是赢家。

坚持你所相信的价值

威廉·戴恩·飞利浦说："成为一个成功者最重要的条件，就是每天精力充沛地努力工作，不虚掷光阴。"

人们把小象用一根绳子拴在一根粗大的树桩上，当小象发现自己怎么挣扎也无法挣脱后便妥协了，不再挣扎。当它长成一只大象后，人们只需要随便用根细绳把它拴在一根树桩上，它就会老老实实地站在那里，而绝对不会凭借自己强大的力量试图逃脱。因为它以为，它是不可能挣开那根细细的绳子的。

年少时曾经的一些经历，让恐慌和不安感追随着我们的生命，我们无法相信自己已经拥有了成人的力量。

一个人最大的敌人是自己。外来的挑战虽然严酷，但不管能不能克服，总有过去的时候；现在对你造成威胁的事件，以后未必还会存在；唯有内心里那个自我永远不会消失。因此，假如一个人缺乏自信心，那他这一生一世都无法摆脱它的控制。

意大利雕刻家阿格斯迪诺·安东尼尔在一块大理石上勤勉地劳作着，但却未能雕刻出他满意的作品。他悲伤地说道："我对这块大理石无能为力了。"其他雕刻家也试着雕刻这块复杂的大理石，但都没有结果。米开朗琪罗却从这块大理石中发现了它的潜在价值。他凭借"我能实现它的价值"的态度，使得世界著名雕像作品——《大卫》诞生了。

如果你能做到不断地在学习中实践，在实践中学习，培养自己的性格，恪守原则地规范自己的行为，建立自信，在决策时相信自己的判断，并坚定地坚持下去，那么，总有一天，你会看到你所坚持的价值带给你成功。

安德鲁·戈登是一个普通的英国人。一次，戈登无意间发现酒吧的桌子下面垫着几张餐巾纸。原来，桌子脚与地面接触的部位不是很吻合，导致桌子总是摇摆，服务生只好在桌脚下面垫了几张餐巾纸。

戈登觉得这很有意思，于是开始构思一种小装置，用来调整桌腿长度，让桌子平稳。他当即找来一个装燕麦片的纸盒，开始尝试，直至找到合适的外形和厚度。

后来，戈登又改进了他的小装置，并将其命名为"桌子防摇器"。事实上，这个装置很简单，仅由八片塑料制成，可根据桌子的摇摆程度进行调整，对桌脚起到固定作用。于是命名为"桌子防摇器"，但这一装置同样也可以用来固定书柜、花架、床铺等一系列器皿和家具。

2005年，戈登兴奋地报名参加英国广播公司（BBc）商业台的创意商机节目。当戈登拿着他的装置，向评委们解释这一独特的发明时，评委席上爆发出一阵善意的笑声。节目主持人说，这是他听到的最荒诞的想法；甚至有人戏谑地把这一创意称为"世上最可笑的发明"。

从节目现场回来，戈登有些沮丧，觉得自己在大庭广众之下被嘲笑是一件很没面子的事。但有一点他深信不疑，那就是这东西一定有不小的市场，因为几乎所有家庭和公共场所都有桌椅、台柜等，而只要有这些东西的地方就一定用得着它。

果然不出戈登所料，几乎没有采用任何广告形式进行宣传的桌子防摇器，仅短短一个月就在网上获得了上百万次的点击率。人们纷纷表示要购买这种小东西，因为这种小东西是他们的家庭所必需的。

渐渐地，戈登的客户越来越多，连英国王室都对这一小发明产生了兴趣，英国考试协会更是一次就订购了20万个桌子防摇器。

　　这世上，每个人都是独一无二的，每个来到这个世上的人，都是上帝赐给人类的恩宠，上帝造人时即已赋予每个人与众不同的特质，你所做的事，别人不一定做得来；你之所以为你，是因为你自身有些与其他人不同的特质，而这些特质又是别人无法模仿的。在生活中，我们应该相信自己，为自己的理想而奋斗。而在奋斗的过程中，想获得胜利，就必须相信自己的实力。

　　我国五代时期的画虎名家历归真从小喜欢画画，尤其喜欢画虎。但是由于没有见过真的老虎，他总把老虎画成病猫，于是他决心进入深山老林，探访真的老虎。经历了千辛万苦，在猎户的帮助下，他终于见到了真的老虎，通过大量的写生临摹，其画虎技法突飞猛进，笔下的老虎栩栩如生，几可乱真。此后，他又用大半生的时间游历了许多名山大川，见识了更多的飞禽猛兽，终于成为一代绘画大师。

　　无论做任何事都要有信心，有了自信才能不断超越自己，不断前进，不要想着路程有多远，而要踏实地走好每一步，战胜困难！人的一生，前路总会充满荆棘和考验，只有坚持不懈才会有梦想和希望。每个人都应该学会坚持，只有如此，当你暮年之时，细细回想，才会觉得没有虚度曾经美好的年华，才会觉得自己的整个生命都充满价值。

心灵悄悄话
XIN LING QIAO QIAO HUA >>>

　　坚持自己所相信的价值是一种信念，它不是繁花如梦似锦，却如青松般大雪压不倒。正是因为有了这样的信念，我们才会永远自信，开拓出美好的未来。

第五篇 >>>

细节成就完美人生

> 哲人穆格发说过："良好的形象是美丽的代言人，是我们走向更高阶梯的扶手，是进入嗳的神圣殿堂的敲门砖。"
>
> 一个人外在的形象十分重要，有时甚至直接影响到社交的成与败。在与他人的交往中，人们首先看到的也是你的外在打扮、礼仪礼节，如果你衣着随便，举止不雅，人家对你肯定不会产生好感。在社交中，一个人的风度和气质，主要还是靠外在形象来烘托，所以，要树立一个良好的外在形象，就要学会适当地包装自己，在无形之中增添你的人际吸引力。

好形象让你受益无穷

俗话说："人靠衣装，马靠鞍。"再漂亮的人，如果没有服装的包装，也不会显出他的美来，这就像一件产品需要一个美丽、吸引人的外包装一样。

生活中。

我们经常看到这种现象：有的女性，长得并不十分漂亮，而且体形也不十分优美，虽然她穿的衣服并不华丽，都是一些简单、素雅的衣服，可是在这简单、素雅的装扮中，却能显现出她迷人的超凡脱俗的美丽来。有一家服装公司的总监是一个很会打扮的人，她的同事和朋友全都十分欣赏她，对她的打扮经常是赞不绝口。可是她并不追赶潮流，不是流行什么就穿什么，而是会选择适合自身特点的衣服来装饰自己。她的衣服从来都是与众不同，总是让人耳目一新。她也十分重视不同衣服间的搭配。不同的服饰交错搭配，就会烘托出不同的效果。她走到哪里，都是一道美丽的风景。

美国纽约州某大学1000名首席执行官的调查中，96%的人认为形象在公司选拔人才方面是极为重要的，尤其是对那些要求可信度高的工作和与人打交道的工作，如市场、销售、金融、律师、会计等。中国某投资银行的老总在谈到服装的重要性时说："当我要裁人时，我就先从穿着最差的人开始。"

在一次有关形象设计的调查中，76%的人根据外表判断人，60%的人认为外表和服装反映了一个人的社会地位。毫无疑问，服装在视觉上

传递你所属的社会阶层的信息，它也能够帮助人们建立自己的社会地位。在大部分社交场所，你要看起来属于这个阶层的人，就必须穿得像这个阶层的人。正因如此，很多豪华高贵的国际品牌的服装，虽然价格高得惊人，却不乏出手购买的消费者。人们把优秀的服装与优质的人、不菲的收入、高贵的社会身份、一定的权威、高雅的文化品位等相关联，穿着出色、昂贵、高质地的服装，就意味着事业上有卓越的成就。

生活经验告诉我们，每个人都想追求完美的人生，但很少有人真正去注意自己在社会交往中的形象。这种形象不仅仅是仪容仪表的刻意修饰，更是温文的性格、积极的心态、文雅的修养带给人的影响力。

一位成功的政治家、企业领袖靠的不仅是自己杰出的才华，他们如同一个最好的演员，靠的不仅仅是自己能带给追随者的信念和对未来的承诺，更重要的是他们非常懂得形象的魅力，并能够运用这种魅力把这些承诺的价值具体表现出来，把属于集体智慧结晶的思想生动地表达出来，让追随者把他的形象与自己追求的未来结合为一体。他们个性化的外表及人格的魅力也是他们能够呼唤、吸引千千万万追随者的重要原因。

心灵悄悄话
XIN LING QIAO QIAO HUA >>>

在这个讲求品质、注重包装的时代，"不以貌取人"的观念显然已经有些落伍了，如果能让外观为你的内涵轻松加分，那么何乐而不为呢？

礼节让你所向披靡

英国女王伊丽莎白说过："礼貌和礼节是一封通向四方的推荐信。"

打动人心的是细节，而细节就体现在你的一举手、一投足中，良好的礼仪修养，不仅是对别人的尊重，也是对自己的尊重和自信的表现。一个人要想成功社交，其中重要的一课就是要学会社交礼仪。礼仪是一种典章、制度，包括人的仪表、仪态、礼节等，能规范人的行为、举止，调整人与人之间的关系。

原壤是孔子的老朋友，为人不拘小节，有一天跷着二郎腿坐在孔子要经过的路旁。以此蔑视孔子经过的时候对他说："你小的时候不懂得尊敬兄长，长大后又没有什么值得称赞的事，真是败坏礼俗的害群之马呀！"说着，就用手杖去打他的腿。

礼貌在任何时候都有用，特别是它能通过一些小事情体现一个人的品质。

美国耶鲁大学有一批应届毕业生共22个人，实习时被导师带到华盛顿的白宫某军事实验室里参观。

全体学生坐在会议室里等待该实验室主任胡里奥的到来，这时有秘书给大家倒水，同学们表情木然地看着她忙活，其中一个还问了问："有黑咖啡吗？天太热了。"秘书回答说："抱歉，刚刚用完了。"有一个名叫比尔的学生看着有点别扭，心里嘀咕：人家给你倒水还挑三拣四

的。轮到他时，他轻声说："谢谢，天气这么热，辛苦了。"秘书抬头看了他一眼，满含着惊奇，虽然这是很普通的客气话，却是她今天听到的第一句。

然而，随后却发生了一件很尴尬的事。当胡里奥主任推开门走进来和大家打招呼时，不知怎么回事，大家静悄悄的，没有一个人回应。比尔左右看了看，犹犹豫豫地鼓了几下掌，同学们这才稀稀落落地跟着拍手，由于不齐，越发显得零乱。胡里奥主任挥了挥手："欢迎同学们到这里来参观。平时这些事一般都是由办公室负责接待，因为我和你们的导师是老同学，非常要好，所以这次我亲自来给大家讲一些有关的情况。我看同学们好像都没有带笔记本，这样吧，秘书，请你去拿一些我们实验室印的纪念手册，送给同学们做纪念。"

接下来，更尴尬的事情发生了，大家都坐在那里，很随意地用一只手接过胡里奥主任双手递过来的手册。胡里奥主任脸色越来越难看，走到比尔面前时，已经快要没有耐心了。就在这时，比尔礼貌地站起来双手握住手册，恭敬地说了一声："谢谢您！"胡里奥听到这句话眼前一亮，他伸手拍了拍比尔肩膀，说："你叫什么名字？"比尔照实作答，胡里奥微笑着点头回到自己的座位上。

两个月后，在毕业去向表上，比尔的去向栏里赫然写着该军事实验室的名字。有几个颇感不满的同学找到导师："比尔的学习成绩最多算中等，凭什么选他而没选我们？"

导师看了看这几张尚显稚嫩的脸，笑道："是人家点名来要的。其实你们的机会是完全一样的，你们的成绩甚至比比尔还要好，但是除了学习之外，你们需要学的东西太多了，修养是第一课。"

能力是无形的，需要时间去验证，但礼貌却是有形的，让人一眼就能看见。在生活中，一个举止得体、待人有礼的人一定会赢得成功的机会。一位很有名的剧院经理来拜访大仲马。

一见面，只见他连帽子也没脱下，就火冒三丈地问这位剧作家："尊敬的大仲马先生，你为什么要把最新的剧本卖给一家小剧院的经理呢？难道我们剧院的名字还不够大吗？"

大仲马微笑着说："是的，你们的剧场是够大。"

这位经理傲慢地说："那难道他出的价钱比我们的高？这样吧，我出比那个小剧院经理高一倍的价钱，你把剧本要回来卖给我们吧！"

大仲马笑了笑说："不，他其实只用一个很简单的方法，就以很低的价格把剧本买走了。"

"那是什么办法呢？"剧院经理非常好奇。

"因为他以与我交往为荣，并且一见面就脱下帽子。"

那位剧院经理一听，面红耳赤！

生活在社会中，每个人每天都要和各种各样的人打交道，无论是在家庭、学校、还是在社会中，一个人展示给他人的首先是其文明礼貌方面的素养。所以，要想建立起良好的人际关系，就应该先学会礼貌待人。

心灵悄悄话
XIN LING QIAO QIAO HUA >>>

一个自以为浪了不起，不懂得礼貌与尊重的人，一定会失去成功的机遇。

不要小瞧了握手礼仪

有一种礼仪，不用说话就能显示出热情、友好的待人之道，如果应用得当，它能进一步增添别人对你的信赖感，但是它也能在不经意地在举手投足之间体现你的教养——它就是日常生活中最为普遍的握手礼。

握手之礼起于中世纪的欧洲。当时恰是身着戎装的骑士侠客盛行的时代，一个个头顶一顶铜盔，身披一身铠甲，腰挂一柄利剑，就连一双手也罩上了铁套，方以示人，这身豪气，不免让人敬而远之。见了亲朋好友怎能还这般冰冷待人？于是免去铜盔，脱下铁套，与之握手，同时表示我的右手不是用来握剑杀你的，这正是握手之起源。现代人虽不至于此，但握手之风气已形成，相见或告别时握彼之手，轻轻摇动，你如此，我如此，礼遂成。

我们千万不能小看握手礼，正是这简单的一握，蕴藏着丰富的信息。

握手，按字面理解为手与手的结合，但这种状态能发展成为心与心的沟通，人们能够更多地从中感到一种强烈的连带关系。

握手可以表现出一个人是否饱含真诚。真诚的人握着你手的时候是暖暖的，虽然他手的实际温度或许并不高，但他的真诚会通过握手热情地传递过来，让人对他产生一种真诚的信赖和好感。通过社交场合握手礼，常常能折射出一个人的礼仪修养。

握手是一门学问——

1. 一定要用右手握手，这是约定俗成的礼貌。在一些东南亚国家，人们不用左手与他人接触，如果是双手握，应等双方右手握住后，再将左手搭在对方的右手上，这也是经常用的握手礼节，以表示更加亲切，更加尊重对方。

2. 要紧握双方的手，时间一般以 1～3 秒为宜。当然，过紧地握手，或是只用手指部分漫不经心地接触对方的手都是不礼貌的。

3. 被介绍之后，最好不要立即主动伸手。年轻者、职务低者被介绍给年长者、职务高者时，应根据年长者、职务高者的反应行事，即当年长者、职务高者用点头致意代替握手时，年轻者、职务低者也应随之点头致意。和年同级别的轻女性或异国女性握手时，男士不要先伸手。

4. 握手时，年轻者对年长者、职务低者对职务高者都应稍稍欠身相握。有时为表示特别尊敬，可用双手迎握。男士与女士握手时，一般只宜轻轻握女士手指部位。男士握手时应脱帽，切忌戴手套握手。

5. 握手时双目应注视对方，微笑致意或问好，多人同时握手时应顺序进行，切忌交叉握手。

6. 在任何情况下拒绝对方主动要求握手的举动都是无礼的，但手上有水或不干净时，应谢绝握手，同时必须解释并致歉。

7. 握手时首先应注意伸手的次序。在和女士握手时，男士要等女士先伸手之后再握，如女士不伸手或无握手之意，男士则点头鞠躬致意即可，而不可主动去握住女士的手；在和长辈握手时，年轻者一般要等年长者先伸出手再握；在和上级握手时，下级要等上级先伸出手再趋前握手。另外，接待来访客人时，主人有向客人先伸手的义务，以示欢迎；送别客人时，主人也应主动握手表示欢迎。

8. 在握手的同时要注视对方，态度真挚亲切，切不可东张西望，漫不经心。如果是一般关系、一般场合，双方握手时稍用力握一下即可放开，时间一般为 2～5 秒。如果关系亲密、场合隆重，双方的手握住后应上下微摇几下，以体现出对他人的尊重。

9. 如果是戴着手套，握手前要先脱下手套。若实在来不及脱掉，应向对方说明原因并表示歉意。不过在隆重的晚会上，女士如果是穿着晚礼服并戴着通花的长手套则可不必脱下。

心灵悄悄话
XIN LING QIAO QIAO HUA >>>

通过这种有力的握手，对方会对你的诚意、热情，特别是坚强的意志、强硬的外表等留下深刻的印象。

给人谈吐不凡的形象

俗话说："一句话可以说得让人双脚跳，一句话也可以说得让人哈哈笑。"决定某个人的关键事情的时候，有决定权的人往往会说：我要看看他的态度如何。这个态度就是想听听他的看法，听听他的表白，实际上，就是想了解一下他的个人形象。

卡耐基在演讲时就曾举过这么一个生动的例子：

美国费城有一位青年希望为自己谋取一份职业，他成天徘徊在费城的大街上，总幻想有一天哪位富人碰巧发现他的"存在"，给他一个工作机会。

一天，他闲着无事，拿出一本书来读，在书中他发现了欧·亨利的一句话："请给我一分钟。"他请求吉勃斯先生给他一分钟的时间来见见他，并容许他讲一两句。

吉勃斯原来只打算与他谈一两句，然后将他打发了事。没想到吉勃斯被青年人不凡的谈吐所吸引，并且两人越谈越投机，一谈就是一个多小时。最后的结局是，吉勃斯先生很快就替这个穷困潦倒的青年安排了一份工作。

试想，如果这名青年一直沉默寡言下去，羞于说话，也许他的人生会越来越糟糕，可喜的是，他不但勇敢地说了，而且说得很有"水平"，这就是谈吐不凡的最直接好处。

有人说："良好的语言沟通决定人际沟通的实质，好口才往往能决

定事情成败的方向。"是的,一个人如果能以出色的语言表达出自己的意思,可以增强陌生人的好感,增强自己在陌生人脑中的印象,从而与对方成为好朋友。

当然,我们没有张仪、苏秦那种智慧和口才。我们不必口若悬河和滔滔不绝,但最起码也要将自己的思想不折不扣地传达给别人,在此基础上进一步的升华,那么,你离谈吐不凡的目标就不远了。

第一,语速不要太快。语速太快,一是别人听不明白;再就是听上去像吵架一样,给人一种爱吵架的印象;最后,语速快了,会影响自己的思路。语速慢下来的好处是,听起来有磁性,而且显得比较深沉。

第二,不要抢话。别人正在说话,你突然打断别人说话,是不尊重别人的表现。你不尊重别人,人家会尊重你吗?正确的做法是在别人说话的时候,辅以"接下来呢""后来呢""怪不得""原来如此"等诸如此类的语气词,让别人感觉你在认真地听他说,而且他说得很有意思。只有这样,别人才会对你有好感。

第三,不要急赤白脸。有的人听到别人的观点与自己不一样,或者别人的话是指责自己,立即就表现出急赤白脸的样子,好像跟人家生气了一样,这是最失分的表现。别人的观点与自己不一样,这有什么可生气的呢?别人指责自己,也许有几种情况:一是你理解错了,人家并没有存心指责你,你跟人家恼了,岂不是冤枉了人家;二是人家无心之过,你跟人家恼了,显得你心眼狭小;三是人家故意激怒你,你跟人家恼了,岂不是正好上了人家的当。

第四,不要左顾右盼。听人说话,或者对人说话,不注意看着说话的人,或者低眉顺眼是底气不足,东张西望是不礼貌,都是说话时的大忌。你也许真的讨厌说话的人,或者他的话味同嚼蜡,或者你身有要事,心不在焉,如果你不得不听他说话,就不要左顾右盼,如果你实在不想听他说话,不妨直接告诉他"I am sorry"。

第五,不要自卑。对方也许腰缠万贯,也许身居要职,也许学富五车,也许一身本领,也许相貌堂堂,也许出身豪门。这些都是他的,和

你有什么关系？给他必要的尊重，却没有自卑的必要。不卑不亢说话，是谈吐不凡的要义。

第六，不要刻意表现自己。人人都想出人头地，但是绝不要通过说话表现自己，这样会被别人误会你是在卖弄自己，何苦呢？

总之，能给别人留下谈吐不凡的形象的人，必然会受到别人的热情"追捧"。

心灵悄悄话

说话是一门大学问，要谈吐不凡不是一蹴而就的，所以不要心急。以下列举的是一些说话的禁忌，记住并经常提醒自己，你不凡的谈吐自然就表现出来了。

健康是幸福的基础

爱默生曾说过："健康是人生第一财富。"拥有了健康就拥有了一切，而失去了健康就等于失去了一切，所谓的金钱、名利等都会成为空白。俗话说，身体是革命的本钱，健康是你幸福生活的基石。健康不是别人的施舍，健康是对生命的执着追求。

世上的每个人都渴望获得幸福，可是人们在追求自己理解的幸福的过程中，常常为了收获幸福，而"失去幸福"。这里的失去主要就包括健康。从这个意义上说，身心健康是幸福最大的本钱。

现在的社会，人人都想享受生活，享受生命，为了提高生活质量，拼命去工作、赚钱。殊不知，你在努力工作的时候，忽视了身体保健。结果，纵然你有许多财富，也买不回来健康。

我们经常在媒体上看到英年早逝的例子。2005 年 4 月 8 日，54 岁的爱立信（中国）有限公司总裁杨迈由于心脏骤停而突然辞世；2005 年 4 月 19 日，60 岁的麦当劳公司首席执行官吉姆·坎塔卢波因病猝死。两位商业巨子如流星一样灿烂却短暂的人生，给世人留下了无数的遗憾。当然，他们的倒下也给世人一种残酷的警醒。为了幸福的生活，我们应该重视健康，把健康也变成我们生活中的主要内容。

失去了健康，生命会变得黑暗和悲惨，会使你对一切都失去兴趣与热忱。能够有一个健康的身体，一种健全的精神，并且能在两者之间保持美满的平衡，这才是人生最大的幸福。

叔本华曾说："在一切幸福之中，人的健康实胜过任何其他幸福。我们可以说一个身体健康的乞丐要比疾病缠身的国王幸福得多。"无论

是为一日三餐奔波的平民百姓，还是星光耀眼的成功人士，健康都是其幸福生活的基本保证。但是，很多时候我们漠视自己的健康，直至失去健康之后，才亡羊补牢，悔之晚矣！

在人生的战斗中，能否取得胜利，就在于你能否保重身体，能否使你的身体一直处于"良好"的状态。一匹有"千里之能"的骏马，假如食不饱、力不足，在竞赛时，恐怕也不会取胜。一个具有一分本领的体力旺盛的人，可以胜过一个因生活不知谨慎而致体力衰弱的具有十分本领的人。拥有健康，一切才皆有可能。

身体好比一座花园，只有细心照料才能让它生机盎然。曾有人对"什么是幸福"这一问题作出这样的回答："幸福有三条，健康的体魄，美满的家庭，平和的心态。"之所以把健康放在第一位，是因为有了强健的身体做后盾，工作起来才能精神抖擞、意气风发，生活起来才能活力无限、快乐无比。

有这样一位大公司经理：他每天在办公室中最多只逗留两三个小时，他经常出外旅行、休息，以更新他的身心。他充分意识到，只有经常保持身心的清新、精壮，才能在事业上达到最高的效率。他不愿像许多人一样，在过度的工作中摧残自己的身心，拖垮自己的力量。

因为这样，他在事业上取得了成功。他不在办公室则已，只要一进办公室，就立刻能生龙活虎般地处理事务。由于他身心健康，所以办事十分敏捷而有力。他的工作进行得如同数学一般精确，他在三小时内工作的成绩，要超过别人八九小时、甚至夜以继日工作的结果。

一个生活谨慎的人，有充沛的生命力抵抗各种疾病，渡过各种难关，应付各种打击；相反，一个在平日把气力耗尽、活力用竭的人，却经不起一点儿的打击。

拥有健康并不能拥有一切，但失去健康却会失去一切。健康不是别人的施舍，而是对生命的执着。

要想在你的一生中取得成功，收获幸福，最重要的一点就是必须摒除一切足以摧残你的活力、阻碍你的前程、浪费你的精力、折损你生命资本的东西。因为体力与事业的关系非常紧密，人的每一种能力、每一种精神机能的充分发挥，与人的整个生命效率的增加，都有赖于充沛的体力。

一个胸怀大志和自信的人，同时也是一个具有足以应付任何境遇、抵挡任何事变的人。强健的体魄，可以使人们在事业上处处得到帮助。旺盛的体力可以增强人们各部分机能的力量，而使其效率、成就较之体力衰弱的时候大大增加。

可见，人没有了健康，也就没有了身体与精神，其他的一切对我们也就没有任何意义可言。正所谓："皮之不存，毛将焉附。"世界上没有任何东西、任何财富、任何名誉、任何权力、任何地位能够代替健康给你带来如此持久的幸福与充实。要使自己顺利走向生命的灿烂、成功，关键是锤炼健康的身心。以健康方式看待人生，就能享受人生的美好。有如雄鹰搏击长空，展现矫健身姿，奔向青云。

有这样一个富翁，他完全靠自己的奋斗从一无所有成为一家企业集团的董事长，可他已躺在病床上两年了，多年的拼搏已使他积劳成疾。当有年轻的崇拜者来访时，他却说："我宁愿现在是个穷光蛋也不愿躺在病床上，如能交换，我愿用我的百万家产换取健康的身体……"

在我们的生活中，健康的人很少知道珍惜健康，只有失去健康的人才真正懂得健康的宝贵。健康的人应该从病人那里得到启示——不能为了追求金钱、追求自己片面理解的幸福而放弃自己的健康，因为，人生最美的是健康，健康比任何东西都重要。

健康的身体需要健康的思想、健康的态度来支撑，只有一个人的思想变得年轻、上进、充满活力，对待生活的态度更加积极，他的身体才能保持健康。健康的思想就像闪电一样，能迅速地将信息传递到身体的

每一个细胞，使每一个细胞都更加活跃、积极，由此创造出生命的奇迹。

世界卫生组织研究表明：人体的健康有60%取决于人们的日常生活方式。选择怎样的生活方式，不仅仅是工作能力和生活品质地体现，更是决定你身心健康的关键所在。

其实，也有很多人都知道健康的重要性，却不了解一些健康之道。要维护自己的健康，提高自己的健康素质，可以从以下几点做起：

第一，要把维护身体健康作为人生的重要目标。因为这是实现幸福、成功等所有美好目标的基础，是人生的首要任务。

第二，良好的生活习惯。早睡早起，定时锻炼，精力充沛，成功不远；节制饮食，营养搭配，好吃会吃，受益无穷。

第三，要经常锻炼。生命在于运动，这是一句人人皆知的至理名言。只有经常坚持锻炼，才能舒通身体的筋络，促进血液循环，增强各器官机能，使生命之树常青。所以，正确估量自己的身体状况和承受能力，寻找一种最适合自己身体的锻炼方法。

心灵悄悄话
XIN LING QIAO QIAO HUA >>>

"留得青山在，不怕没柴烧"，如果一个人连享受幸福的本钱都不存在了，即便幸福真的降临，恐怕也只能"望福"兴叹了！

你没有理由不节俭

有一次，比尔·盖茨和他的朋友开车同往希尔顿饭店开会。由于去得比较晚，没有普通停车位了。他的朋友就建议停到饭店的贵宾车位。贵宾车位要比普通车位多付 12 美元的停车费。比尔·盖茨不同意，他认为那是"超值收费"。尽管他的朋友说"我来支付"，比尔·盖茨仍然不同意。他的朋友很不理解，作为一个如此富有的人竟然在乎那一点钱？比尔·盖茨却坚持不浪费这点钱。

爱默生曾说过："节俭是你一生中食之不完的美筵。"凡是有所成就的人都非常看重节俭的价值。比尔·盖茨拥有的财富恐怕没有几个人能比得上，但是他却一直秉承着节俭的理念，让很多人钦佩。

一夜暴富、发"横财"固然很爽，尤其对于财商教育欠完善的中国人来说，对"马无夜草不肥，人无外财不富"这条理论更是追捧有加。但是，奇怪的是，翻开古今中外巨富们的花名册，我们会发现这些富贾一时的财富赢家们，几乎没有一个是靠"横财"维持长久财富地位的。相反，倒是那些凭着努力和恒心，一点一滴地赚钱、守钱、生钱的人笑到了最后，获得了永久的"恒财"，同时留下了无数彰显大智慧的理财故事，流传至今。比如，世界股神巴菲特、石油巨富洛克菲勒、华人富豪李嘉诚，等等。

那么，是什么让这些财富英雄笑傲人群的呢？是他们天赋异禀，或是有什么独门秘籍吗？其实，个中原因并没有什么奥秘可言。世间万物皆有定数，金钱与财富的增长也是有其内在规律的，这些财富赢家们只不过是有意无意恪守了这些财富规律而已。这其中，节俭就是一条不可

撼动的铁律。节俭的真正含义是：善用你的物质，为了更长久的富足与安稳克己、自律，过一种有远见的生活。

"锄禾日当午，汗滴禾下土。谁知盘中餐，粒粒皆辛苦。"这首唐诗读来朗朗上口，是妇孺皆知的佳句。然而，在现实生活中，挥霍浪费的现象令人担忧。

其实，节俭一直是中华民族的传统美德，也是历代中国人崇尚的观念。千年古训"侈而惰者贫，力而俭者富"家喻户晓，植根每个中国人心田。在改革开放、国泰民安、人民富裕的今天，"节俭"仍应是社会建设和发展的"关键词"和"主题词"。

在美国不少中小学甚至幼儿园里，吃"忆苦饭"非常流行。其宗旨是为了让孩子们从小就懂得节俭，学会同情生活贫困的人，并直接或间接地获取知识。有一年，旧金山市的斯迪夫中学组织的"体验饥饿"活动就吸引了该校75名11~14岁孩子的参与。中午放学后，参加活动的每名学生可抽取一张就餐券——要是餐券上写着"15"这个数字，那就意味着他属于世界人口15%的"富人"，也就是说他可以享受一顿丰盛的午餐，而且可以享受到殷勤的服务；要是餐券上写着"25"，那就意味着他属于世界25%的"温饱型"，即可以吃到分量尚足的米饭，少量的鱼和豆子；要是抽到的餐券上写有"60"，那么他就代表了占世界人口60%的"穷人"，因此，午餐就只能吃少许没有放油的土豆，而且还得耐心地排队等候领取属于自己的那一份。这些孩子通过抽签分成了三组，其中，"富人""穷人"和"温饱型人口"比例恰恰与世界人口的现实状况大致相同。结果是，参加完"饥饿活动"的孩子从此再也不浪费粮食了，还向学校的"粮食银行"捐赠自己节俭下来的多余食品或零用钱——这些孩子捐赠的食品和金钱有的分发给了国内慈善机构，有的还被远送到贫困的非洲大陆。

这里还有一则关于沃尔玛的故事：

沃尔玛的"俭"是出了名的。如果你没有复印纸，想找秘书要，

对方会给你一句，"地上盒子里有纸，裁一下就行了。"因为他们从不用专门复印的纸，而是用废纸的背面。另外，沃尔玛的老总山姆·沃尔顿尽管是亿万富翁，却从没置过一所豪宅，还常开着自己的旧货车进出小镇。如果沃尔玛的管理层要去某个地方开会，他们所住的地方就是能够洗澡的普通招待所。在沃尔玛，"节俭精神"已成他们企业文化的一部分。

但是沃尔玛也有"大方"的时候，山姆·沃尔顿不仅在全国范围内设立了多项奖学金，而且还向美国的五所大学捐出数亿美元。在山姆·沃尔顿看来，这是金钱应当被用到的地方。

钱虽然不是万能的，却是没有钱又万万不能，我们一生注定都要和钱打一辈子交道。学会节俭，让每一分钱都花得物有所值并不是一件简单的事，这需要我们利用清醒的头脑进行准确衡量，知道哪些钱该花，哪些钱不该花。

心灵悄悄话
XIN LING QIAO QIAO HUA >>>

节俭并不需要很大的勇气才能做到，也不需要很高的智力或超人的品德才能做到，它只需要某些常识和抵制自私享乐的力量就行。

把钱花在该花的地方

"从某种角度看,金钱就像火——是你忠实的朋友,又是你灾难的源头。当你被它控制,当你账户上的利息不断增多的时候,你就会慢慢变成它最可怕的奴隶。"这是美国著名慈善家洛克菲勒对儿子的告诫。

有这样一则笑话:一名一夜暴富的大款,坐名牌车、戴名牌表、穿名牌衣服、登名牌鞋。总之,凡是可以炫耀的地方,他用的都是名牌货。一日,他驾车外出兜风,发生恶性交通事故。他幸免于难,当救护人员费了九牛二虎之力把他从车厢里救出来时,他一看到自己豪华的轿车已被严重撞毁便号啕大哭:"哎呀!我的'奔驰'呀,我的'奔驰'呀!"这时,一名救护人员发现大款的胳膊已被撞断了,便生气地对他说:"就知道哭你的车,瞧瞧你的胳膊吧!"那大款瞧了一眼胳膊,接着又大哭起来:"哎呀,我的'劳力士'呀!我的'劳力士'呀!"

笑话中的大款在物质上很富有,但在精神上却很贫乏。除了可以炫耀的财富之外,没有风度,没有学识,没有理想,没有修养,在某种程度上,可以说他"穷"得只剩下了钱。一个视金钱比生命还重要的人,与其说他拥有财富,不如说是财富拥有了他。

在我们身边,一些先富起来的人喜欢斗富、摆阔、纵欲,别墅、美女、宠物成为其追求的目标。这种种现象,已经不仅仅是怎么花钱的问题了,它反映出一些人的价值观、道德观。斗富显阔,绝不是富裕之后的必然行为。美国的百万富翁斯坦利认为,变富的关键是紧紧控制住金

钱，那些高收入者不会积攒钱财，总是把钱花在几乎没有价值的东西上，因此他们始终难以成为百万富翁。世界上有许多大富豪尽管腰缠万贯，但却并不张扬。

斯坦利说："事实上，你没有必要一定要戴一只价值5000美元的手表，没有必要去坐豪华小轿车。"他举了一个例子，美国百万富翁喜爱的是价格适中的福特轿车。有位百万富翁获悉他的朋友们计划在他65岁生日时送给他一辆劳斯莱斯后，便很快通知朋友们千万不要这样做。这位百万富翁说："这是与我的生活风格极不相称的。如果你拥有这样一辆车，你必须换掉你的房子，必须去买套相称的家具，必须更换所有与之不相称的物品，着实地打扮自己一番。"斯坦利还调查了一些百万富翁所买得最贵的服装，结果有一半人说他们从来没有买过价格超过300美元的衣服。

大多数富翁都有自己的花钱模式。他们可能在某些花费上出手阔绰，但在某些支出上却又异常俭省。譬如，著名的台塑集团董事长王永庆可以为了设厂投资几亿台币，然而在私人生活上却相当节俭，连家人使用的肥皂、牙膏都不容许有半点浪费；即使宴请宾客他也不讲排场，大都是以春卷、润饼、肉粽等传统的台湾小吃款待。

在台湾商界赫赫有名的"威京小沈"沈庆京拥有的资产超过数十亿元。这位白手起家的富豪平常不太注意吃、穿，就连领带有时候也懒得打。偶尔有朋友批评他的西装款式不够新、料子不够好，他总是不以为然地回答："马马虎虎啦！"不过，若是被他发现公司内的复印纸消耗过多或电灯没有被随手关掉，他常常会给相关责任人一顿批评。

李嘉诚的儿子曾经问李嘉诚："爸爸，我们赚这么多钱到底有什么意义？"李嘉诚的回答很简单："赚钱多可以爱国，回报社会。"

李嘉诚是众人皆知的富翁，但他的一些表现却显得有些吝啬。至今

他仍然坚持身着蓝色的传统西服，佩戴一块价值26美元左右的廉价手表，并自豪地说："如今花在自己身上的钱比年轻时少多了。"

多年来，李嘉诚一直自己支付各董事的薪金，从公司收取的酬金不论多少，全部拨归公司；他在公司里不领薪水，每年只拿六百多万美元的董事费，没有其他福利津贴，所有的私人用品包括午餐也从不开公账。

但和其他许多富豪一样，他花在慈善事业上的金钱和时间却不少。如今他将20%的时间都用在慈善活动中，并表示将来要为慈善事业投入更多的精力与资金。李嘉诚已经捐了5亿美元用于修建各类学校、医院以及开展医疗研究活动。不久以前，他又捐出2亿元港币用于支持残疾人事业。

洛克菲勒："我确信，有大量金钱必然带来幸福这一观念需要改变，因为人们并非因有钱而得到愉快，愉快来自能做一些使自己以外的某些人满意的事。"

心灵悄悄话
XIN LING QIAO QIAO HUA >>>

一个视金钱比生命还重要的人，与其说他拥有财富，不如说是财富拥有了他。

心存感激让人高尚

学会感恩，不仅仅意味着要拥有宽广的胸襟和高尚的品德，实际上，它更应是一种愉悦自我的智慧。感恩是积极向上的思考和谦卑的态度，当一个人懂得感恩时，便会将感恩化作充满爱的行动，在生活中实践。感恩不是简单的报恩，它更是一种对生活的责任，一种追求阳光人生的精神境界。

学会感恩，才能体会到生活的多彩；学会感恩，才能体会到生命的责任；学会感恩，才能懂得人生道路上的真爱。

人生幸福的关键在于你用一颗什么样的心来看待自己和周围的世界，只有懂得感恩、懂得爱的人才会持续地拥有幸福、享受快乐。常怀感恩之心，会让我们已有的人生资源变得更加深厚，让我们的心胸变得更加宽阔、宏远。

在一个闹饥荒的城市，一个家庭殷实而且心地善良的面包师把城里最穷的几十个孩子聚集到一块，然后拿出一个盛有面包的篮子，对他们说："这个篮子里的面包你们一人一个。在上帝带来好光景以前，你们每天都可以来拿一个。"

瞬间，这些饥饿的孩子一窝蜂地涌了上来，他们围着篮子推来挤去，大声叫嚷着，谁都想拿到最大的面包。当他们每人都拿到了面包后，竟然没有一个人向这位好心的面包师说声"谢谢"就走了。

但是，有一个叫依娃的小女孩却例外，她既没有同大家一起吵闹，也没有与其他人争抢。她只是谦让地站在一步以外，等别的孩子都拿到

以后，才把剩在篮子里最小的一个面包拿起来。她并没有急于离去，她向面包师表示了感谢，并亲吻了面包师的手之后才向家走去。

第二天，面包师又把盛面包的篮子放到了孩子们的面前，其他孩子依旧如昨日一样疯抢着，羞怯、可怜的依娃只得到一个比头一天还小一半的面包。当她回家以后，妈妈切开面包，一个崭新、发亮的金币掉了出来。

妈妈惊奇地叫道："立即把钱送回去，一定是面包师揉面的时候不小心揉进去的。赶快去，依娃，赶快去！"

当依娃把妈妈的话告诉面包师的时候，面包师面露慈爱地说："不，我的孩子，这没有错。是我把金币放进小面包里的，我要奖励你。愿你永远保持现在这样一颗平安、感恩的心。回家去吧，告诉你妈妈这钱是你的了。"

她激动地跑回了家，告诉了妈妈这个令人兴奋的消息，这是她的感恩之心得到的回报。

人们常常不知疲惫地向生活索取，却很少会对生活的馈赠心存感激。然而，学会感谢生活、感谢他人也是成功之道。

感恩是中华民族的传统美德。从"滴水之恩，涌泉相报"，到"衔环结草，以谢恩泽"，再到"乌鸦反哺，羔羊跪乳"，我们有着深厚的感恩文化传统。

今天，纵观我们的社会，无论是张尚昀背着重病母亲求学进取，还是洪战辉历尽艰辛带着"弃婴妹妹"读大学，无论是王乐义身患癌症不辞辛苦推广大棚蔬菜技术，还是华益慰以高尚医德和高超医术彰显济世良医的仁慈心怀，从某种意义上说，他们的善德壮举，都源于一颗感恩的心。

是的，感恩是一种生活态度，一种处世哲学，一种智慧品德。英国作家萨克雷说："生活就是一面镜子，你笑，它也笑；你哭，它也哭。"送人玫瑰，手留余香。无论生活还是生命，都需要感恩。你感恩生活，

生活将赐予你灿烂阳光。而如果你只知怨天尤人，最终可能一无所有。
有研究表明，在正面激励因素中，感恩被认为是培养道德良知、增强人格魅力和提升成长力量的最好催化剂。

日本一位名牌大学毕业生应聘于一家大公司。社长审视着他的脸。出乎意料地问："你替父母洗过澡擦过身吗？"

"从来没有过。"青年很老实地答道。

"那么，你替父母敲过背吗？"

青年想了想，说："有过，那是我在读小学的时候，那时母亲还给了我10块钱。"

青年临走时，社长突然对他说："明天这个时候，请你再来一次。不过有一个条件，刚才你说从来没有替父母擦过身，明天来这里之前，希望你一定要为父母擦一次，能做到吗？"这是社长的吩咐，因此青年一口答应。

青年虽大学毕业，但家境贫寒。他刚出生不久父亲便去世，从此，母亲做佣人拼命挣钱。孩子渐渐长大，读书成绩优异，考进东京名牌大学。学费虽高得令人生畏，但母亲毫无怨言，继续帮佣供他上学。直到今日，母亲还去帮佣挣生活费。

青年回到家，母亲还没有回来。母亲出门在外，脚一定很脏，他决定替母亲洗脚。母亲回来后，见儿子要替她洗脚，感到很奇怪。于是，青年将自己必须替母亲洗脚的原委说了一遍。母亲很理解，便按儿子的吩咐坐下，等儿子端来水，把脚伸进水盆里。

青年右手拿着毛巾，左手去握母亲的脚，他这才感到母亲的双脚已经像木棒一样僵硬，他不由得抱着母亲的脚潸然泪下。读书时，他心安理得地花母亲如期送来的学费和零花钱，现在他才知道，那些钱是母亲的血汗钱。

第二天，青年如约去那家公司，对社长说："现在我才知道母亲为了我受了很多的苦，您使我明白了在学校里没有学过的道理，如果不是

您，我还从来没有握过母亲的脚，我只有母亲一个亲人了，我要照顾好母亲，再不能让她受苦了。"社长点了点头，说："明天你到公司上班吧。"

感恩是一种积极的人生态度，常怀感恩的人，才能以积极的心态处事；常怀'感恩之心的人，才能不怨天尤人；常怀感恩的人，才能坦然面对一切。有了感恩之心，人与人、人与自然、人与社会就会更加和谐、融洽、亲密，而人也会因为感恩心理而变得愉快和健康起来。

心灵悄悄话
XIN LING QIAO QIAO HUA >>>

事实上，感恩是一种双赢的策略，只要我们怀有一颗感恩的心，就能发现生活的美好和世界的美丽，就能永远快乐地生活在温暖而充满真情的阳光里。

把每天都当感恩节

在我们的周围，很多人热衷于过美国的圣诞节，却鲜有人知道美国还有一个感恩节——每年11月的最后一个星期四。

1620年，著名的"五月花"号满载不堪忍受英国国内宗教迫害的清教徒到达北美洲。年关交替，寒冬腊月，他们遭遇了难以想象的困难，处在饥寒交迫之中。冬天过去了，活下来的移民很少。这时，印第安人给移民们送来了生活必需品，善良的印第安人还特地派人教他们怎样狩猎、捕鱼和种植玉米、南瓜。在印第安人的帮助下，移民们终于获得了丰收，在欢庆丰收的日子，按照传统习俗，移民们确定了感谢上帝的日子，并决定为感谢印第安人的真诚帮助，邀请他们一同庆祝。

在第一个感恩节的当天，印第安人和移民们欢聚一堂，他们在黎明时鸣放礼炮，列队走进一间被当作教堂的屋子，虔诚地向上帝表达谢意，然后点起篝火举行盛大宴会。第二天和第三天，他们又举行了赛跑、摔跤、唱歌、跳舞等活动。第一个感恩节非常成功，其中许多庆祝方式流传了三百多年，一直保留到今天。

在今天的美国人心目中，感恩节比圣诞节还要重要。感恩节期间，散居在他乡的家人，都会赶回家过节，此外，美国人一年中最重视的一餐，就是感恩节这一天的晚宴，这已经成了全国性的习俗。

多少年来，感恩带给人类的福祉是无以言表的。作为社会文化的一部分，无论是人伦教化，还是校正人们的心态，净化人们的心灵，它都

是一剂良方。它使人的内心更加深沉博大。

有一年的感恩节，在一个平凡而贫困的家庭里，早晨的阳光如利箭般穿透了薄薄的窗纱，照射到了床上。家里的小男孩早就醒了，但他没有做声——他不愿意惊醒疲倦的父母，因为他们还在沉沉地酣睡。

其实，他的父母也早就醒了，只不过他们不愿面对儿子那失望的眼睛。可是，他们没有能力准备任何节日的礼物与膳食。

丈夫想：如果能放下脸皮，去当地慈善团体联系一下，或许能分到一只火鸡过节。但他做不到这一点。唉，怎么办呢？

几个小时后，夫妻俩终于硬着头皮起床了。丈夫没有好心情，妻子当然也是唉声叹气的。生活太贫困了，他们又觉得去行乞很可怜，这个感恩节对他们来说，简直就是一种折磨。

就在一家人陷入深深的痛苦之时，突然响起了一阵敲门声。男孩跑去开门。门外站着一个高大的男子，他满脸笑容，手里提着节日的膳食，火鸡、罐头，应有尽有，都是过节的必需品。一家人惊讶地看着他。那人说："这些东西是一位知道你们有需要的人要我送来的，他希望你们知道，在这个世界上，还有人在关怀并深爱着你们。"

丈夫极力推辞这份礼物，但来人却说："不要推辞了，我只不过是个送货的而已。"他面带微笑，将篮子挎在了小男孩的臂弯里，并轻轻地说："祝你们感恩节快乐！"然后转身走了。

此时，小男孩的心里油然升起了一种无可名状的神奇感受。这件发生在他童年时的"小事"，后来竟然影响了他的一生，并促使他决心要成为一个乐于助人的人。

这不，他参加工作后，尽管收入很微薄，但仍坚持在感恩节那天买很多食物去送给那些需要帮助的人。

又一个感恩节到来了，扮成送货员的已经长大的男孩出现在了一户人家的门口。开门的是一位西班牙籍的妇女，她有6个孩子，然而丈夫

却抛弃了他们。眼下，她和孩子们正在遭受断炊之苦。

男孩说："我是来送货的，女士。"之后，他拿出了丰盛的节日大餐和礼物。女人惊呆了，站在那里一动不动，而她身后的孩子们则顿时爆发出了欢快的喊声。

女人激动得热泪盈眶，用结结巴巴的英语感动地说："哦，你一定是上帝派来的……"年轻人腼腆地说："不，我只是个送货的，是一位朋友要我送来这些东西的。他让我告诉你们，希望你们一家人都过个快乐的感恩节。也希望你们知道，有人在默默地爱着你们。今后你们若是有能力，就请同样将这样的礼物转送。

回想自己年少时的种种经历，没想到它们竟成为自己走向坦途的导引，指引他用一生的时间去帮助别人。童年时见到的那个送货人，深刻地改变了他的世界观和人生观。他觉得，传播爱的人，才是世界上最幸福的人。

几年后，这个年轻人成为美国总统的特别顾问。他就是全球著名的心理励志专家、成功学权威——安东尼·罗宾。

感谢生活，感谢身边所有的人。正所谓："赠人玫瑰，手留余香。"

心灵悄悄话
XIN LING QIAO QIAO HUA >>>

感恩并不仅仅局限于感恩节这一天，在一年的365天中，我们都应常怀感恩之心。

欣赏你身边所有的人

每个生活在社会上的人都希望得到别人的赏识和认同。林肯说过："每个人都希望受到赞美。"心理学家威廉·詹姆士也说过："人性最深切的渴望就是获得他人的赞赏，这是人类之所以有别于动物的地方。"

在不同人的眼中，世界也会变得不同。其实星星还是那颗星星，世界依然是那个世界。你用欣赏的眼光去看，就会发现很多美丽的风景；你带着满腹怨气去看，你就会觉得世界一无是处。

理学家哈洛克曾做过一项奖惩混合的比较研究。

哈洛克选择了许多数学程度相同的学生，将他们分为四组：

在给第一组上课时，每次课前都赞扬作业成绩优良者。

对第二组则刚好相反，对他们中成绩好的不予赞扬，仅对成绩差者严厉谴责。

对第三组既不赞扬、又不谴责，但让他们知道第一组和第二组每天发生的情形。

第四组则控制安置在其他地方，不使他们知道其他三组每天的情形，对他们的成绩既不赞扬也不谴责。

不久，受赞扬的第一组和受谴责的第二组的成绩立刻有显著的进步，提高了35%～40%。

第三组的成绩也有进步，但提高率只有一、二组的一半。

如此继续下去，情况却发生了显著的变化。受赞扬的第一组成绩提高了79%，受谴责的第二组和不受奖惩的第三组的成绩又低落下去，

被隔离的第四组的成绩也有轻微的降低，但不明显。

上述实验的结论是：当一项行为带来满意或鼓励的结果时，该项行为则保持而增强；反之，如行为结果得不到鼓励，或得到惩罚时，该项行为则倾向于不再重复。这说明了肯定意义的赞扬和否定意义的谴责对一个人产生的影响是截然不同的。

拿破仑·希尔博士小时候被认为是一个坏孩子，家人和邻居甚至认为他是一个应该下地狱的人，无论何时出了什么坏事，大家都认为是拿破仑·希尔干的。在这种情况下，拿破仑·希尔破罐子破摔，一心想表现得比别人形容的更坏。他的母亲去世后，一位新的母亲走进了他的家庭，当父亲介绍拿破仑·希尔时说："这就是拿破仑·希尔，是希尔兄弟中最坏的一个"。此时，他的继母却亲切地说："他完全不是坏孩子，他恰恰是这些孩子中最伶俐的一个，而我们所要做的一切，无非是要把他所有伶俐的品质发挥出来。"

继母发现了拿破仑·希尔人性中唯一的优点，在继母的赏识和鼓励下，拿破仑·希尔开始改正自己的缺点，并发奋学习。继母用她深厚的爱和不可动摇的信心，塑造了一个全新的拿破仑·希尔——美国成功学的创始人。

有人认为，在越来越个性化的社会交际中，"欣赏自己"已被越来越多的人接受和应用。这本是一件好事，因为它起码表明了人已经开始注重个人在社会中的价值和作用，有利于个性的张扬和主观能动性的发挥。

可往往物极必反，"欣赏自己"到了一定程度就会发展成为极端的自私自利，发展到唯我独尊的骄横和霸道，发展到"宁可我负人，不可人负我"的个性变态表现。

假如我们肯把自己欣赏的目光从那些近似海市蜃楼般的"星系"

中收回来，看看身边这些你从来不曾欣赏过的人，你会发现，他们虽不如明星、大款那般被传媒"炒"得火爆，但他们却仍旧认认真真地生活着，努力地工作着，真诚地与人打着交道。他们在与人交往中所表现的同情、关切、微笑和互相帮助都是朴实而真切的。这些人就生活在你的四周，他们是你的亲人、朋友、同事和邻居，他们在你失败受挫时安慰你、帮助你；在你成功兴奋时会鼓励你、赞美你；下雨时，他们会拉你同在一个屋檐下躲雨；刮风了，他们会为你披上一件御寒的风衣。这些人才是你真正应该欣赏的人。

或许他们身上也存在着各种各样的缺点和不足，他们烦恼时也会喊一喊、骂一骂，他们在背后也会议论别人的长处和缺陷，他们也喝酒、抽烟、打麻将，也有七情六欲。社会有多复杂，他们就有多复杂。但这些"恶习"谁能保证自己身上就没有呢？真正懂得交际艺术的人，是知道怎样用欣赏的目光把一堆粗树根变成艺术品，明白善意的批评也许会使恶魔变成漂亮的天使。

任何时候，学会用欣赏的眼光去看待世界，看待你周围的人，你便会更坦然地面对一切了。人是有思维的，这种思维随时都在变，没有一种情感是永恒不变的。

心灵悄悄话
XIN LING QIAO QIAO HUA >>>

不要奢望你能拥有很多，用一种平常心态去欣赏一个人，就像欣赏一幅画一样，你会很快乐，也会很坦然。

第六篇 >>>

完美人生要懂得放弃

　　不懂得选择与放弃只有死路一条。命运一直藏匿在我们的思想里。许多人走不出人生各个不同阶段或大或小的阴影，并非因为他们天生的个人条件比别人要差多远，而是因为他们没有想过要驱除内心的阴影，也没有耐心慢慢地找准一个方向，一步步地向前，直到眼前出现新的洞天。

　　人的一生是短暂的，脆弱的生命不能承载太多的负荷，要学会忘记，忘记那些不该记住的东西，忘记不属于自己的一切。无论风景有多美，我们只能做暂短的欣赏。

不要让欲望致使生活失衡

人生之苦，主要是苦在心灵。想得到的得不到，痛苦；得到了发现不过如此，痛苦；得到后失去了，痛苦。人啊，得不到时痛苦，得到了也痛苦，得到后失去了。

欲望如同一把燃烧的火，我们在受其召唤前行时，一不小心也会被它灼伤。一个人不要贪婪、不要太累了，要懂得有失才会有得的道理，适当调节自己的心态，少些欲望、少些贪念，人生才能奏出悠扬美丽的曲调。

我们都知道：饭不宜吃得过多，最好是吃八分饱。其实，我们在生活中也应该遵循八分饱的尺度。十分、十二分会撑，一分、二分饿着了，八分饱正好。北宋哲学家邵雍就曾说："知行知止唯贤者，能屈能伸大丈夫。"行于其所当行，止于其所当止；屈于其所当屈，伸于其所当伸。对自己不放纵、不任意，对别人不挑剔、不苛求，对外物不贪恋、不沉沦。该享受则享受，当劳累便劳累，依理而行，循序而动。如果必须，做得天下，若非合理，毫末不取。

然而，在我们的身边，真正能做到八分饱的人实在不多。在当今社会的各个角落，被"撑死"或被"撑坏"的人处处可见。破产的企业家，入狱的官员，这些所谓的"精英"在名、利、色的诱惑之下，贪婪地索取着，直到"撑死"。精英尚且如此，平常人又岂会高明到哪里去？

乐不可极，乐极生悲；欲不可纵，纵欲成灾。酒饮微醉处，花看半开时。贪婪者往往被物所役而利令智昏，而深味八分饱者却能役物。一

个人只有役物，才能在物欲横流的沧海中冷静进取、保持一种高蹈轻扬的人生态度。

天使看到一个贫穷的农夫居无片瓦、食不果腹、衣不遮风的样子，动了恻隐之心，决定帮帮这个可怜的人儿。于是，在一个清晨，天使对农夫说，只要他跑一圈，并在日落前跑回来，那么他所跑过的土地就全部归其所有。

农夫听了天使的话，高兴得赶紧朝前跑去。他跑啊跑啊，累了想停下来休息一会儿时，想到家里的妻子儿女们都需要更多的土地来保障优越的生活，又打起精神拼命地往前跑……

有人告诉他，你到了该往回跑的时候了，不然，你就无法在天黑之前回到起点。农夫根本听不进去，他只想得到更多的土地，更多的金钱，更多的享受。直到太阳快要下山，他才拼命地往回跑。然而，那么远的距离，要怎样的速度才能赶在太阳下山前跑回去呢？最后，又累又急又渴又饿的农夫，终因心衰力竭，倒在太阳的余晖下。生命没有了，土地没有了，一切都没有了，过分的贪婪使他失去了一切。

纵观社会，总能够找到不少农夫的身影。不可否认，人的欲望有很多，口腹之欲只不过是其中的一种而已。除此以外，还有对金钱的占有欲，对权力的获得欲，对美色的拥有欲……欲望没有止境，而我们的心中应该有一个度。多少人因为放纵了自己的欲望，十分甚至十二分地去满足自己，结果或是竹篮打水一场空或是身陷囹圄空余恨。

欲望如同一把燃烧的火，我们在受其召唤前行时，一不小心就会被它灼伤。明末清初有一本书叫《解人颐》，其中的有一首诗把贪婪者的心态刻画得入木三分："终日奔波只为饥，方才一饱便思衣；衣食两般皆供足，又想娇容美貌妻；娶得美妻生下子，恨无田地少根基；买得田园多广阔，出入无船少马骑；槽头拴了骡和马，叹无官职被人欺；县丞主簿还嫌小，又要朝中挂紫衣；做了皇帝求仙术，更想升天把鹤骑；若

要世人心里足，除非南柯一梦兮。"当然，这是夸张的写法，却形象地反映了一些人的贪婪心态。

两千多年前，老子就在《道德经》里说："知足者富"，但就这么四个字的道理，至今还是有很多人没有参破。贪婪者往往被物所役，而知足者却能役物。一个人只有知足，才能保持一种高蹈轻扬的人生态度。因此，在我们辛苦工作、奔波劳累的空当，不妨静下心来问自己一句：我是否吃得太饱，是否要得太多？

有欲望并不是一件坏事。每一个正常人都有欲望，有欲望乃是人之常情。就是一心向佛的人，也有"了生死，出轮回"或"度众生"的欲望。问题是，面对欲望，我们应有一个度的把握，装填过少则行动力不足，装填过多又会造成翻车等。

心灵悄悄话
XIN LING QIAO QIAO HUA >>>

一个人不要贪婪、不要太累了，要懂得有失才会有得的道理，适当调节自己的心态，只有这样，才有可能保持平衡，以凄走得更远。

一个人要懂得满足

很多时候，我们根本不知道满足，甚至为了"了却君王天下事"，对生前身后的功名也期待颇多。对于前世，我们会埋怨父母没有把我们生养在富贵之家，对于后世，总是抱怨子孙们不能个个如龙似凤。对于我们所有的这些不满足，其实还是来自我们自身。

有人认为：现代社会不应当提倡知足常乐。这是因为知足就是对现状满足，而满足又往往导致思想不进取，提倡知足常乐会给现代社会带来种种弊端，不利于现代社会的健康发展。乍一看没错，其实不然，他们错误地理解了"知足"的真正含义。所谓"知足"者，是知道"足"与"不足"矣。他们简单地把"知足"理解成"满足"，然后顺理成章地得出了一个错误的结论。

当一个人不知足时，他在实现了一个愿望后，必定还要有第二个愿望，而且将来还会接着有更多、更大的愿望。没有一个人认为他自己的生活中已经不再缺少什么，假如一个人退居一个恶劣的生活环境中时，他总会向往或怀念曾经美好的生活，但在他自己置身于值得满意或甚至值得艳羡的生活中时，他总还是觉得贫乏和不如意。

不知足的可怕之处，不仅在于摧毁有形的东西，而且还会搅乱你的内心世界。而你的自尊、你的原则都可能在不知足面前垮掉。常言道：欲壑难填。要知道人的欲望一旦爆发，那真是不可收拾！和珅，中国历史上有名的大贪官，据说他的家产富可敌国，他要那么多钱干什么？他想当皇帝？他个人、老婆、孩子能用多少钱？可他就是不知足，就是要不断地贪，以致后来被嘉庆皇帝赐三尺白练自裁。

所以，在生活中，我们要知足常乐。

在 1908 年英国伦敦的奥运会上在马拉松的比赛中，瘦小的意大利运动员第一个跑进了赛场。途中他多次摔倒，在最后离终点还有 15 米时扑倒在地，两名医护人员将他搀扶着冲过了冲刺线，他获得了第一名。但最后，这名运动员的奖牌被取消了，因为裁判认为他不是凭借着自己的力量到达终点的。英国的彼得大主教在颁奖典礼上说："参赛比金牌重要。"而这名运动员也很释然，虽然没有得到金牌，却让所有的人看到了自己的努力。这，就是知足。

时间流逝，转眼定格在了 2004 年的雅典奥运会上，刘翔成为世界的焦点。"我的运动生涯才刚刚开始，以后还有无数辉煌要等待着我去创造。"这句话，让世界人民记住了这个中国田径史乃至亚洲田径史上的奇迹。四年后的北京奥运会上，无数观众看着刘翔痛苦地撕下 2 号号码牌转身离开的时候，不禁落泪。他说，不到万不得已的时候，是不会退赛的。可见当时的他的跟腱是多么疼痛。这，也许就是一种知足吧！不会为了一次的比赛而牺牲自己的健康、牺牲自己的运动生涯，这不是懦弱、不是胆怯，而是以一种知足的方式去面对生活、看待生命。知足常乐，刘翔的放弃是一种超越，他是失败的英雄。

知足能使人不为物质所役，从而常乐。爱因斯坦对钱财很知足，也不太在意。他曾用一张大面值的支票做书签，结果不小心弄丢了那本书。对此，他一笑了之。而如果换成了葛朗台先生，他肯定是捶胸顿脚后悔得要死要活了。一把躺椅，一杯清茶，一本好书，某人就常乐；住上别墅，开上跑车，搂着美人，某人却不乐。此皆因知足否。雷锋同志说："工作要向水平最高的同志看齐，生活要向水平最低的同志看齐。"这句话在一定程度上诠释了知足的含义。在物质享受上，我们要懂得知足，一味攀比，这山望着那山高，这种不知足只能让自己不痛快。

当前，许多人的幸福感有所下降。生活水平提高了，工作的环境也

好了，但是幸福感却减少了。原因是什么呢？主观上是因为人们的心理不平衡，许多人受市场经济负面的影响，受"金钱万能""有钱就有一切"思想的影响，攀比心理、虚荣心理增强。生活上比豪华舒适，工作上比职级待遇，导致心理失衡。而在客观上又缺少正确的心理引导。

　　要增强幸福感，就必须依靠自我不断地调适。那怎么去调适呢？具体来说，就是要有知足常乐的人生态度。用"知足常乐"平衡自己、平衡心态。要对自己所处的生活和工作有知足感，要让自己的生活与工作被人们和社会的肯定有知足感。

心灵悄悄话
XIN LING QIAO QIAO HUA >>>

　　知足常乐，知足就是幸福的源泉，常乐就是幸福的继续。只要我们时刻保持着一种知足常乐的心态，幸福就会随之而来。

不妨把名利看淡些

古人说，"世人熙熙，都为名来；世人攘攘，都为利往。"人活在世上，无论贫富贵贱，穷达逆顺，都免不了要和名利打交道。然而，烦恼和羁绊都是因为自己的不能舍弃或是看得过重引起的。尤其是名利二字，人人都离不开，谁能撇开这两个字去为人处世呢？人生在世，君子圣贤雅士也好，小人俗人凡人也罢，谁也不会做无所谓的舍弃。俗人爱财，君子就不爱么？圣贤若是没了一日三餐，也要去赚钱的。但君子爱财，取之有道。不要太过执着，要懂得放弃，这样才能做到淡泊俗世。

乾隆皇帝下江南时，来到江苏镇江的金山寺，看到山脚下大江东去，百舸争流，不禁兴致大发，随口问一个老和尚："你在这里住了几十年，可知道每天来来往往多少船？"老和尚回答说："我只看到两只船。一只为名，一只为利。"

有个人整天烦恼缠身，患得患失，什么事情也不想干，于是就去寻求能够解脱烦恼的秘诀。

一天，他走到一座山脚下，看见生长着绿草的牧场有个牧羊人骑着马，嘴里吹着笛子，发出悠扬的韵调，非常逍遥自在。于是他问这个牧羊人："你怎么过得这么快乐？能教会我怎么才能像你一样快乐，没有苦恼吗？"

牧羊人说："没什么，骑骑马，吹吹笛，什么烦恼都忘记了。"

他试了试，但却没有什么效果，于是，他放弃了这个方法，又去继续寻求。不久，他来到一座庙宇，看见一个老和尚在洞里修行，面带微

笑，看起来是个智慧的人。

他深深地鞠了一个躬，向老和尚说明来意。

老和尚说："你想寻求解脱吗？"

他说："是。"

老和尚说："有人把你捆住了吗？"

他说："不是。"

老和尚又说："既然没人捆你，谈什么解脱呢？"

人往往是自己不能醒悟，凡事执迷不悟，岂不知做人要几分淡泊，名和利都是羁绊，你若太执着，哪能有解脱呢？

人世间最难得的就是拥有一颗淡泊名利的平常心，不为虚荣所诱、不为权势所惑、不为金钱所动、不为美色所迷、不为一切的浮华沉沦。所以在一些人看来，能将功名利禄看穿，将胜负输赢看透，将荣辱得失看破，就能自我解脱，从而达到时时无碍、处处自在的境界。

淡泊名利其实是一种人生境界。名利本身并不是人生追求的最终目的，追求名利主要还是为了满足欲望。因此，要淡泊名利，无私奉献，必须从根本人手，控制住自己的物欲。俗话说，"世上莫如人欲险"。如果抵御不了这种诱惑，总想高消费，过上等人的生活，而靠现有条件又满足不了，那就必然会去争，甚至有可能走上违法犯罪的道路。一个人的物欲越强，他的名利思想也就越强。如果物欲淡一些，做到寡欲，也就比较容易淡泊功名，达到"人到无求品自高"的常态。

当我们认识到名利不过是人生的一种常态，就该调整自己的心态，以平常心对待名与利。我们应大大方方地面对名利，真真实实地付出努力去赢得名利。即使得不到，也无须寻死觅活。因为我们心里知道，名利只是人生的一部分，而不是全部。人生还有比名利更为重要的东西，比如爱情、家庭和健康，这些同样会带给我们无比的幸福与快乐。

淡泊绝不是消极的人生态度，淡泊往往是一个人经过冬之寒冷、春之招摇、夏之热烈之后，拥有的一种秋的沉静。古人云："不妄没于势

力，不诱惑于事态，只要心有长城，能挡狂澜万丈。"多少人固守清俭，威武不屈，富贵不淫，贫贱不移，留得清气满乾坤；多少人在宁静淡泊中展开理想的翅膀，如大雁飞过长空，经历顺境和逆境，不留任何痕迹于蓝天。

心灵悄悄话
XIN LING QIAO QIAO HUA >>>

能怀一颗平常善良之心，淡泊名利，对他人宽容，对生活不挑剔，不苛求，不怨恨，寒不改绿叶，暖不争花红，富不行无义，贫不起贪心，这何尝不是一种练达的智慧呢？

放下不意味着失去

放下，其实是一种生存的智慧。当我们放下压力，小心翼翼地擦去心灵上的灰尘，让心灵像白云一样飘浮在蓝天之上时，坎坷的道路就不会再成为羁绊，我们的脚步就会轻盈。

小和尚跟着老和尚下山去化缘，走到河边时看见一姑娘正发愁没法过河。老和尚就对姑娘说："我背你过去吧！"于是，就把姑娘背过了河。小和尚惊得目瞪口呆，但又不敢问。走了大约 20 里地后，小和尚实在忍不住问道："师父，我们是出家人，你怎么背那个姑娘过河了呢？"老和尚淡淡地说道："我把她背过河就放下了，你怎么走了 20 里地还没放下呢？"

拿得起就要放得下，这是生活教给我们的智慧。可是，在生活中，我们中的很多人却像小和尚一样，时常被沉重的包袱压得无所适从，但仍然舍不得放下。得到的越多，还想得到更多。

金丹元先生在《禅意与化境》中有一则关于佛陀的传说：
梵志双手持花献佛，佛云："放下。"
梵志放下左手之花。佛又道："放下。"
梵志放下右手之花。佛还是说："放下。"
梵志说："我手中的花都已经放下了，还有什么可再放下的呢？"
佛说："放下你的外六尘、内六根、中六识，一时会去，舍至无可舍处，是汝放生命处。"

当你在生命的旅途中感到疲倦的时候，你有没有想到放下？当你陷入在烦恼中无法自拔的时候，你有没有想到过放下？

当我们放下烦恼，学会平静地接受现实，学会坦然地面对厄运，学会积极地看待人生时，阳光就会溜进心来，驱走黑暗，驱走所有的阴霾。

当我们放下狭隘，我们就会看到眼前的世界是多么的宽广——宽容别人，其实也是给自己的心灵让路，只有在宽容的世界里，才能奏出和谐的生命之歌！

有时候如果我们不懂得放下，面临的有可能是死路一条。

祖父用纸给孙子做过一条玩具长龙，长龙腹腔的空隙仅仅只能容纳几只半大不小的蝗虫慢慢地爬行过去。但祖父捉过几只蝗虫，投放进去，它们都在里面死去了，无一幸免。祖父说：蝗虫性子太急，除了挣扎，它们没想过用嘴巴去咬破长龙，也不知道一直向前可以从另一端爬出来。因此，尽管它有铁钳般的嘴壳和锯齿一般的大腿，也无济于事。

当祖父把几只同样大小的青虫从龙头放进去，然后再关上龙头，奇迹出现了：仅仅几分钟时间，小青虫们就一一地从龙尾默默地爬了出来。

命运一直藏匿在我们的思想里。许多人走不出人生各个不同阶段里或大或小的阴影，并非因为他们天生的个人条件比别人要差多远，而是因为他们没有想过要将阴影的纸龙咬破，也没有耐心慢慢地找准一个方向，一步步地向前，直到眼前出现新的洞天。

一位登山爱好者，在一次攀登雪峰的过程中，突然遇到了十级大风，雪花漫天飞舞，能见度仅 1 米左右。此时登山爱好者不慎失去重心，摔落悬崖，幸好他颇有经验一把抓住了安全绳子，仅存一线生机的他死死抓住绳索，暗自哭喊着："上帝，你救救我吧！""可以，不过你

应相信我所说的一切。"上帝怜悯道。"好，你说吧。"他惊喜万分。上帝顿了顿说："你放下绳索，就可得救。"好不容易抓到这根救命绳索的登山者，哪肯放下呢？第二天早晨，暴风雪停了。营救队发现了离地面仅两米的冻僵的尸体。

放下并不意味着失去，相反，放下是为了更好地生存。

心灵悄悄话
XIN LING QIAO QIAO HUA >>>

当我们放下抱怨，开始上路，我们就会看到所有偏见和不顺就会走开，所有的幸福都会向你走来。

第七篇 >>>

找准自己人生的位置

　　一个人认识别人很容易，而认识自己恰恰是最难的。老子曾说过："知人者智，自知者明。"可以说，从古至今，人们对于自我的认识始终处于无尽的探索，没有哪一个认识到自己天赋的人会成为一个无用之辈，也没有哪一个出色的人在错误地判断自己的天赋时能够逃脱平庸的命运。

　　每个人都有自己的生活环境，努力去适应环境找准自己的位置，才是明智的。这里的找位置不仅是要有进取之心，更重要的是要对自己的位置进行合理评估定位。

人贵在有自知之明

　　所谓"自知之明"，通俗地说，就是一个人总得知道自己能吃几碗干饭。而之所以说"贵"，意思是"珍贵"与"难得"。

　　当年孔子问子贡："你和颜回哪一个强？"子贡是这样回答的："我怎么敢和颜回相比？他能够以闻一知十；我听到一件事，只能知道两件事。"子贡的自知是明智，子贡的从容更是胸怀博大。他虽不及颜回闻一知十，但却以其独特的人格魅力传之千古。

　　由于先天的遗传，成就了每个人的高矮胖瘦，后天教育与环境的差异更是造就了不同的志趣、性格和风采。其中既有迷人之处，又有遗憾之点。一味要求自己出众拔尖，活得太累不打紧，还会招来讪笑与耻辱。

　　有这样一句话曾广为流传："没有哪一个认识到自己天赋的人会成为一个无用之辈，也没有哪一个出色的人在错误地判断自己的天赋时能够逃脱平庸的命运。"世界上不知道有多少人从事着与自己的天赋格格不入的职业，做着自己天赋所不擅长的事情。这样多半是徒劳无益的，于是失败的例子数不胜数。可见，一个人必须要认清自己，拥有自知之明，这才是他走向成功的第一步。

　　微风能够随意地吹散阴云，小鸟可以轻盈地在蓝天的舞台上跳舞，微风做到的我做不到，小鸟做到的我也做不到。刘翔和聂卫平下围棋，估计他赢的可能性极小；聂卫平和刘翔比赛 110 米跨栏，一定输得找不到北。但这些都无妨他们在各自的舞台上散发夺目光辉。每一个人都有自己的优势，各显其能才会将坏事变好、好事更好。

战国时期，齐威王的相国邹忌长得相貌堂堂，身高8尺，体格魁梧，十分漂亮。与邹忌同住一城的徐公也长得一表人才，是齐国有名的美男子。一天早晨，邹忌起床后，穿好衣服、戴好帽子，信步走到镜子面前，仔细端详全身的装束和自己的模样。他觉得自己长得的确与众不同、高人一等，于是随口问妻子说："你看，我跟城北的徐公比起来，谁更漂亮？"

他的妻子走上前去，一边帮他整理衣襟，一边回答说："您长得多漂亮啊，那徐先生怎么能跟您比呢？"

邹忌心里不大相信，因为住在城北的徐公是大家公认的美男子，自己恐怕还比不上他，所以他又问他的妾，说："我和城北徐公相比，谁漂亮些呢？"

他的妾连忙说："大人您比徐先生漂亮多了，他哪能和大人相比呢？"

第二天，有位客人来访，邹忌陪他坐着聊天，想起昨天的事，就顺便又问客人说："您看我和城北徐公相比，谁漂亮？"客人毫不犹豫地说："徐先生比不上您您比他漂亮多了。"

邹忌如此作了三次调查，大家一致认为他比徐公漂亮。可是邹忌是个有头脑的人，并没有就此沾沾自喜，认为自己真的比徐公漂亮。

恰巧过了一天，城北徐公到邹忌家登门拜访。邹忌第一眼就被徐公那气宇轩昂、光彩照人的形象震住了。两人交谈的时候，邹忌不住地打量着徐公。他自觉自己长得不如徐公。为了证实这一结论，他偷偷从镜子里面看看自己，再调过头来瞧瞧徐公，结果更觉得自己长得比徐公差。

晚上，邹忌躺在床上，反复地思考着这件事。既然自己长得不如徐公，为什么妻、妾和那个客人却都说自己比徐公漂亮呢？想到最后，他

总算找到了原因。邹忌自言自语地说："原来这些人都是在恭维我啊！妻子说我美，是因为偏爱我；妾说我美，是因为害怕我；客人说我美，是因为有求于我。看起来，我是受了身边人的恭维赞扬而认不清真正的自我了。"

这则故事告诉我们，无论在什么时候，一个人一定要保持清醒的头脑，知道人贵有自知之明，人要了解自己，认识自己，自知是做人的最起码智慧，也是成功人生最起码的前提。

心灵悄悄话
XIN LING QIAO QIAO HUA >>>

有了自知，一个人才能对自己所处的环境有一个准确的把握，才能知道自己的工作能力、学识水平、社会关系、家庭、社会背景等处在一个什么样的状况下。然后，面对自己的现实情况来把握自己的人生旅途，这样，人才能获得自信，才能充分发展自己。

最难认识的是自己

一个人认识别人很容易，而认识自己恰恰是最难的。老子曾说过，"知人者智，自知者明。"作为大军事家的孙子则有"知己知彼，百战不殆"的名言传世。可以说，从古至今，人们对于自我的认识始终处于一种无尽的探索之中。

古刹里来了个小和尚，他积极主动地去见方丈。殷勤诚恳地说："我初来乍到，先干些什么呢？请师傅请教。"方丈微微一笑，对小和尚说："你先认识一下寺里的众僧吧。"第二天，小和尚又来见方丈，殷勤诚恳地说："寺里的众僧我都认识了，下面该干些什么事了吧？"方丈微微一笑说："肯定还有遗漏，接着去认识吧。"三天过去了，小和尚再次来见方丈，蛮有把握地说："寺里的所有僧侣我都认识了，我想应给我布置一些事做了。"方丈微微一笑，因势利导地说："还有一个人，你没认识，而且这个人对你特别重要。"小和尚满腹狐疑地走出方丈的禅房。"还有谁没有认识呢？"他一个人一个人地询问，一间屋一间屋地寻找，在阳光里、在月光下，他一遍遍地琢磨、一遍遍地寻思着。一头雾水的小和尚，在一口水井里忽然看到自己的身影。他豁然顿悟了，赶快跑去见方丈……

让我们再来看以下的故事：

泰国曼谷的市区有一些颇负盛名的庙宇，不过那些大大小小的庙

宇，多数除了给游客留下一个金碧辉煌的印象之外，不久之后就会从人们的记忆中淡去。然而，有一座叫作金佛寺的庙宇，却给无数的游客留下无法磨灭的深刻印象。

这座庙宇占地不大，面积大约只有 30 尺见方。你一进入庙内，眼前便会赫然出现一座 10 尺半高，全身由黄金打造的实心佛像。它重达 2.5 吨，价值约为 1.96 亿美元。这尊慈祥中带着尊严的黄金佛像，能够给人一种莫名的震撼。

佛像旁边的玻璃展示柜中，有一片 8 寸厚、20 寸见方的土块。土块一旁的文字说明，道出了这尊佛像背后那一段感人的历史。

1957 年，由于泰国政府决定在曼谷市内兴建高速公路，位于路段上的某间寺庙因此被迫迁移。寺内的和尚只好将庙中的土造佛像放置到其他的地方去。然而这座佛像体积庞大，重量惊人，所以在搬运的过程中现出了裂缝。更糟的是，那时又下起了滂沱大雨。寺内的老和尚为了不让神圣的佛像再受到损害，便决定先将佛像放回原地，然后用大幅的帆布覆盖，以免遭受雨水的侵袭。

那天傍晚，老和尚拿着手电筒，掀开帆布检查，看看佛像有没有被雨水淋湿。灯光照到裂缝处时，他发现那里反射回一道奇异的光芒。老和尚趋前仔细检查后，怀疑这层土块里藏有别的东西。他返回庙中取来了凿子和榔头，小心翼翼地开始敲打佛像表面。当他敲掉第一片土块时，惊异地发现里面金光闪闪。老和尚加快了动作，几个小时后，这座纯金打造的佛像重见天日。

根据历史学家的说法，几百年前，缅甸军队曾出兵攻打当时称为暹罗的泰国。当时的暹罗和尚知道敌军即将来袭之后，便在珍贵的黄金佛像表面上覆盖了一层泥土，以免当时的宝物被缅甸军队掠夺。据说这些和尚后来全都被入侵者杀害了，然而幸运的是，这座价值连城的佛像被完整地保存了下来，直到 1957 年才被后人发掘出来。

其实，我们每个人都像那座被泥土包裹的佛像，为了生存而给自己

裹上一层厚厚的壳。然而每个人的内心中都存在着金光闪闪的自我，这种纯金的本质，才是真的自我。从小开始，我们就学会了将内心中那个如黄金般纯真的自我隐藏起来，总是戴着各种各样的面具出现在人前人后。这样，我们难免苦恼、难免疲惫不堪。

当现实生活中各种不幸一齐袭来的时候，你戴着那层面具，难以呼吸视听，几乎要被巨大的逆境所压垮。你感到自己无比脆弱，感到已经完全迷失了自我，你不知道你要的是什么，你不知道你为什么要承受这样的苦难。这个时候，你必须摘掉你的面具，重新认识你自己。你应该做的，就是像老和尚一样，拿起凿子和榔头，敲掉层层的防卫面具，重新展现你自然的本质。

《诗经》中说："宾之初筵，左右秩秩"。意思是说来宾在筵席上按照左左右右的顺序就座，每个人各得其所，规规矩矩对号入座，筵席就显得有秩序。如果没有秩序，筵席就会乱成一锅粥。而要做到有秩序，很重要的一条，就是每个人要明白自己的身份，知道自己应该坐在哪个位置上。不然的话，筵席就不能开始，更不能进行下去。

我是个什么样的人？我有什么样的个性？我有什么样的优缺点？我有什么价值？我有没有巨大的潜能？我期望自己成为什么样的人？我希望达到什么样的目标？——你必须这样"拷问"自己，这样你才能够获取关于人生、关于价值和意义的各种真实答案。

心灵悄悄话
XIN LING QIAO QIAO HUA >>>

当你身处逆境，承受巨大的苦难时，你更需要静下心来，向自己的内心开掘。只有认识你自己，你才不会在苦难中迷失了自己，不会在逆境中丧失了自己。

吃一堑，长一智

"吃一堑，长一智。"出自明代王阳明《与薛尚谦书》："经一蹶者长一智，今日之失，未必不为后日之得。"意为：吃一次亏，长一分智慧。指受了挫败，记取教训，才能有将来更好发展。

有人认为"吃一堑"与"长一智"之间存在必然性，其实未必。不是说吃一堑就一定能长一智，而是吃一堑有可能长一智。这种可能性要转变为必然性，就要有一个条件，那就是要从失误中总结教训，积累经验，这样才能长智。如果错后不思量，那么同样的错误还会不断重复出现。

从前，有个农夫牵了一只山羊，骑着一头驴进城去赶集。

有三个骗子知道了，想去骗他。

第一个骗子趁农夫骑在驴背上打瞌睡之际，把山羊脖子上的铃铛解下来系在驴尾巴上，把山羊牵走了。

不久，农夫偶一回头，发现山羊不见了，忙着寻找。这时第二个骗子走过来，热心地问他找什么。

农夫说山羊被人偷走了，问他看见没有。骗子随便一指，说看见一个人牵着一只山羊从林子中刚走过去，准是那个人，快去追吧！

农夫急着去追山羊，把驴子交给这位"好心人"看管。等他两手空空地回来时，驴子与"好心人"自然都没了踪影。

农夫伤心极了，一边走一边哭。当他来到一个水池边时，却发现一个人也坐在水池边，哭得比他还伤心。农夫挺奇怪：还有比我更倒霉的

人吗？就问那个人哭什么，那人告诉农夫，他带着两袋金币去城里买东西，在水边歇歇脚、洗把脸，却不小心把袋子掉水里了。农夫说，那你赶快下去捞呀！那人说自己不会游泳，如果农夫给他捞上来，愿意送给他20个金币。

农夫一听喜出望外，心想：这下子可好了，羊和驴子虽然丢了，可如果到手20个金币，损失全补回来还有富余啊！他连忙脱光衣服跳下水捞起来。当他空着手从水里爬上来时，干粮也不见了，仅剩下的一点钱还在衣服口袋里装着呢！

这个故事告诉我们，农夫没出事时麻痹大意，出现意外后惊慌失措而造成损失，造成损失后又急于弥补因此又酿成大错，三个骗子正是抓住人的性格弱点，轻而易举地全部得手。

事实上，我们看到很多人如农夫般原地"摔倒"，而且很多时候是以同一种方式。这种人并非傻子、弱智，而是太过固执和自信。在他们的眼里，从来就不认为自己之所以"摔倒"是因为这方面出了什么问题：要么这条"路"本身就走不通，要么就是自己的方法不正确！他们总觉得没有什么过不去的"坎"，还是照样坚持原来的走法，而这又怎么不摔得鼻青脸肿呢？

要吃一堑，长一智，就必须在吃一堑之后，好好地进行一番反思，并且在反思中，认真地吸取经验教训，绝不能再重蹈覆辙。

心灵悄悄话
XIN LING QIAO QIAO HUA >>>

只要你敢于面对失败，敢于从失败中去反思，去寻找教训，并且修正自己的思维方式，丰富自己的经验，我们又何愁无法走出生命的低谷呢？

塑造积极的自我意象

我们知道，当一个人站在镜子前面观看那个镜子中的自己时，那个关于他自己的自我意象也随之产生了。这时，在他和那个镜子中的自己之间，他面临着两个选择，接受还是不接受。如果他能满意地接受那个镜子中的自己，他就会感到自信。欣赏他不能接受那个镜子中的自己，他就会感到自卑。信仰和接受可能就是那个架在他自己和那个镜子中"自我意象"之间的桥梁，只有通过这座桥梁，才能顺利地到达自信的彼岸。他在这一刻选择那个自我意象的方式可能将会最终变成一种命运般的力量，决定他以后的生活。

20 世纪最重要的心理学发现之一就是"自我意象"。这种自我意象就是"我属于哪种人"的自我观念，它建立在我们对自身认知和评价的基础上。一般而言，个体的自我信念都是根据自己过去的成功或失败、他人对自己的反应、自己根据环境的比较意识，特别是童年经验自然形成的。根据这些判断，人们心里便形成了"自我意象"。就我们自身而言，一旦某种与自身有关的思想或信念进入这幅"肖像"，它就会变成真实的东西。

自我意象，就是我们对自己的认识，对自己的画像。不管我们是否能够意识到，我们都存在非常详细的自我意象。它决定了一个人在生活舞台中的角色。

我们在做任何事情的时候，都受到自我意象的影响，因为它在时时刻刻提醒我们："你是一个……的人"。我们的意识收到这个信息后，就会去判断这样做可以、那样做不可以，从而作出各种决策。

　　自我意象是一个前提、一个根据、一个基础，由此而产生了我们每个人的个性、行为甚至社会大环境。如果你的自我意象就是一个能力低下、依赖别人的形象，那么你在做每件事情的时候都会对自己说"这件事我做不来"，把本来可以完成的事情推给别人，一次次地丧失成功的机遇。相反，如果你认为自己是一个精力充沛有能力的人，你就会主动去挑战危机。

　　为了成功，首先要在思想上打击自己退却和懈怠的想法，把自己想象成为一个成功者。想象成为一个成功者，你才有成功的勇气。因为失败是不需要避免和争取的，它就在面前，而成功是要靠努力才能够获得的。

　　我们的心灵创造着周遭的世界，即使两个人肩并肩地徜徉在同一块草原上，一个人的眼睛看到的情景永远不同于另一个人所看到的情景。心理学家马尔慈说，人的潜意识就是一种"服务机制"，即一个有目标的电脑系统。而人的自我意象，就如同电脑程序，直接影响着这一机制运作的结果。

　　如果你的自我意象是一个失败的人，你就会不断地在自己内心的"荧光屏"上看到一个垂头丧气、难当大任的自我，听到"我是没出息、没有长进"之类负面的信息，然后感到沮丧、自卑、无奈与无能，那么你在现实生活中便会注定失败。

　　另一方面，如果你的自我意象是一个成功人士，你会不断地在自己内心的"荧光屏"上见到一个不断进取、敢于经受挫折和承受巨大压力的自我；听到"我做得很好，而我以后还会做得更好"之类的鼓舞信息，然后感受到喜悦、自尊、快慰与卓越，那么你在现实生活中便会自然而然地成功。

　　我们个人一切的个性、行为和言语方式都是建立在自我形象这个基础之上的。如果一个人从心理上逃避成功、害怕成功，在面对机会或挑战时，他就可能畏畏缩缩。这样，即使不成为一个失败者，也是一个平庸之辈。

要想获得成功，就必须有一个适当、现实的自我意象伴随着自己，使自己能接受自己，拥有健全的自尊心。成功者应该不断地认识自己，不断地强化和肯定自我价值，真实地表现自我，而不是把自我隐藏或遮掩起来。

当这个自我意象完整而稳固的时候，"我"会有良好的感觉，并且会感到自信，会作为"我自己"而存在，自由地表现自己。如果它成为逃避、否定的对象，个体就会把它隐藏起来，不让它有所表现，创造性的表现也就因此受到阻碍。

不能仅仅凭空想象出一个新的自我意象，除非你觉得它是有事实依据的。正如爱默生所说过的："人无所谓伟大或者渺小。"人的世界就是自己的世界，我们的价值就是我们心中认定的价值。

心灵悄悄话
XIN LING QIAO QIAO HUA >>>

塑造积极的自我意象、改变郁郁寡欢的失败型个性不能依靠纯粹的意志力，必须要有充足理由和足够的证据确认旧的自我意象是错误的。

找到适合自己的位置

人与人之间是有差异的，能力不同，成就自然也就不同。只有找到适合自己的位置，努力做到最好，才会获得生活的快乐与幸福。

让我们来看这样一则寓言故事：

小兔子到了上学的年龄，被父母送到动物学校。在学校里，小兔子最喜欢上的课是跑步，几乎每堂课都得第一名，小兔子为此感到很高兴；小兔子最不愿意上的课是游泳，不管他怎么努力，总取得不了好成绩，小兔子为此感到非常苦恼。小兔子想放弃游泳，但他父母不同意。当老师看到小兔子为上游泳课苦恼时，表示愿意给小兔子提供帮助。老师对小兔子说："跑步是你的强项，是你的优势，往后你就不用再练跑步了；只要你专心练习游泳，就一定能取得好成绩！"从此，小兔子专心致志地开始练游泳。但结果是：一段时间的训练下来，小兔子游泳水平不但没有多大长进，就连他的优势——跑步的成绩也下降了许多。

寓言故事包含着一个道理，人有所长则必有所短，每个人都有自己的优点和长处，但同时每个人都不可避免地存在着这样那样的缺点和不足。如果一个人不了解其中的利害关系，过于看重自己的缺点和不足，并试图让自己克服所有缺点、弥补所有不足，结果只会适得其反。这也就是说，有缺点和不足固然需要克服和弥补，但如果把主要精力都用在克服缺点和弥补不足上，那么就可能因此丧失信心。

居里夫人有两个女儿：伊蕾娜·居里和艾芙·居里。她们都很优秀，都在各自的领域取得了巨大的成功。她们的成功应首先归功于她们的母亲，因为正是居里夫人第一个发现了她们的各自的"天赋"。

居里夫人的家教观是，发现女儿某种天赋领域的创造力，而不是死记硬背只会让孩子考满分的教条。

早在女儿们牙牙学语时，居里夫人就开始对她俩的某种天赋进行了发现，她在笔记本上写道："伊蕾娜在数学上聪颖，艾芙在音乐上早慧。"当女儿刚上小学时，她就让她俩每天放学后在家里再参加 1 小时的智力活动，以便进一步发现其天赋才能。当她俩进入塞维尼埃中学后，居里夫人让女儿每天补习一节"特殊教育课"：或由让·佩韩教她俩化学，或由保罗·郎之万教数学，或由沙瓦纳夫教文学和历史，或由雕刻家马柯鲁教雕塑和绘画，或由穆勒教授教外语和自然科学。每星期四下午，由居里夫人亲自教两个女儿物理学。

经过两年的特殊教育后，居里夫人觉得，伊蕾娜性格文静、专注，迷恋化学并立志要当科学家研究镭，这些正是科学家所具备的素质。而艾芙生性活泼，充满梦想。居里夫人便先让她学医，然后再引导她研究镭，又激励她从事自然科学，可艾芙对科学不感兴趣。经多次观察，居里夫人才发现艾芙的天赋是文艺。这种不断发现孩子天赋的家教观念，指导着居里夫人通过成功的家教使女儿伊蕾娜·居里因"新放射性元素的合成"而获 1939 年诺贝尔化学奖，也使艾芙·居里成为一位优秀的音乐教育家和传记文学作家。

"橘生淮南为橘，橘生淮北为枳。"晏子告诉我们，不同地方的柑橘会有不同的味道，而只有生长在淮南的柑橘才会味道甘甜。新疆的葡萄之所以闻名，正是因为当地昼夜温差的变化才使其储存了大量的糖分。世间万物只有找到适合自己生长繁衍的地方，才能充分展现生命的力量，活出应有的价值。"安能摧眉折腰事权贵，使我不得开心颜。"李白洒脱地走出宫廷，去追求自由和无拘无束的生活；"采菊东篱下，

悠然见南山。"陶渊明挣脱黑暗政治的束缚，与闲云野鹤为伴，做一个悠然的山水田园诗人。倘若他们在官场阿谀逢迎，恐怕就不会出现《蜀道难》《归园田居》等千古名篇了。正是因为他们找准了自己的位置，将情感融入诗歌创作的天赋之中，才能修成正果、名垂青史。

又如，班超投笔从戎，在西域都护府中勤恳履行职责，获得了无数荣耀；鲁迅弃医从文，以尖锐的语言揭露了中国近代旧社会的黑暗，留给我们无限感慨；原本为跳高运动员的刘翔因为发现了自己在跨栏上的潜力，经过刻苦训练成为震惊全球的"飞人"……所有的成功人士，都是在适合自己的发展道路上，创造了一片辉煌。

心灵悄悄话
XIN LING QIAO QIAO HUA >>>

了解自己，把握自己，漫漫的人生之旅中，总有一个位置是适合你的。也只有找准自己人生的位置，才能把握人生，才能有幸福完美的人生。

第八篇 >>>

其实不完美也是一种幸福

完美无缺是人们向往的一种境界，然而反过来想，如果人的一生都没有遗憾，那他的一生就是不完整的，不完整的人生能够幸福吗?其实，幸福并不都看重完美，残缺会让人得到另一种幸福。

我不完美没关系，能努力到什么程度，就努力到什么程度。不能达成目标，表示我是普通人，所以我不会对自己失望。自己的能力如此，强求无益，但我会努力。因为努力的过程会给我带来幸福。不完美，也是一种美，而且是一种更深层次，更有意蕴的美。

人生无须完美

人生不需要太完美，每个人都不可能没有欠缺。懂得了每个生命都有缺失的道理，你就不会再对自己苛求完美，而更能为自己所取得的成功感到满足。仔细审视一下自己，你会发现自己虽不能把一切做得完美，但你已尽力做到最好，而缺失的那一部分，你要勇敢地接受它且善待它，你的人生会快乐许多。其实，只要你把缺陷、不足这块堵在心口上的石头放下来，别过分地去关注它，它也就不会成为你的障碍。因为这些缺陷都不妨碍一个人追求快乐圆满的人生。

有一则格言是这样说的："如果折了一条腿，你就应该感谢上帝不曾折断另一条腿；如果折断了另一条腿，你就应该感谢上帝没有折断脖子；如果折断了脖子，你就没有什么可再担忧的了。"

有一个小姑娘，她从小聋哑，每当她看到别的小姑娘欢快地跳舞的时候，她就特别悲伤，认定这是老天在责罚她，感到一辈子就这么完了。小姑娘们看见她在一旁暗自伤神也都和她一起玩，她们甚至不再唱歌跳舞，因为她唱不出歌，也听不到节奏。但是她始终闷闷不乐，因为她不愿意在别人的怜悯中过活。直到她该上学了，父母把她送到特殊学校，她开始时坚持不去，后来看到父母眼里的深深忧虑，她还是去了。在班上她是最沉默的一个，她无法像其他孩子那样豁达，因为她梦想成为歌唱家，梦想着一切与声乐有关的世界。有一天，一位老师来到她身边，对她说："世界上每一个人都是被上帝咬过一口的草莓，都是有缺陷的。有的人缺陷比较大，因为上帝特别喜爱他的甜美。"她很受鼓

舞，从此把失聪和失语看作是上帝的特殊钟爱，开始振作起来。若干年后，有一位知名的聋哑作曲家用她特殊的音符，让人们感知到了无声的音乐事业。

金无足赤，人无完人。每个人都会有自己的劣势和缺陷，有些人面对自己的缺陷，总是想办法遮掩，害怕别人的嘲笑，这样做往往适得其反。正确的态度是：淡然面对自己的缺陷，不刻意掩饰，敢于挑战自我，用自己特有的形象装点这个丰富多彩的世界。"水至清则无鱼，人至察则无徒。"人生，不要一味地苛求完美，不完美也是幸福的。

为人处世，需要实事求是，脚踏实地，但不必要求十全十美。追求完美固然是一种积极的人生态度，但如果过分追求完美，而又达不到完美，必然产生一定的挫折感，日子久了，就会浮躁，令自己却步沮丧。因此，不要陷入完美主义的困扰旋涡之中。

伯恩斯曾经做过研究：他向150位推销员作问卷调查，发现有40%属于要求完美的人，他们表现的工作业绩反而比别人差，得到的报酬也较少。更值得注意的是，他们常感到沮丧和焦虑。要求完美的人总是陷入数落别人或挑剔自己之中，他无法随遇而安，更难随缘结识商机。

一个艳阳高照的中午，琳达去拜访一位刚刚喜得贵子的朋友。一进门，着实热闹，众多熟悉的朋友都在，彼此寒暄了几句，问候朋友身体安康之后，环视朋友的新家，感觉主人是个讲究生活品质的人。虽不富裕，屋子却布置得简单而富有情趣。向阳台望去，悬挂着几盆花花草草，红绿相间，疏密有致，令人赏心悦目。

"我发现一个问题，这几盆花草有真有假，你们看出来了吗？"琳达正在愣神的功夫，一位细心的女士说。

"我怎么没有看出来呢？"有人反问道。

"谁能不用手去摸，不靠近用鼻子去闻，在5米以外准确地指出真假，我就送给谁一盆郁金香。"主人有些得意地说。

听到主人的话，大家都兴致勃勃地仔细观察起来。

只见眼前的几个盆栽，都长得极为茂盛，看起来个个碧绿如玉，青翠欲滴。花儿，也开得艳丽。猛然看去，的确难辨真假。可是用心观察，你还是能发现其中的不同。有三盆花依稀能够找到枯萎的残叶，有的叶片上还有淡淡的焦黄，显示出新陈代谢和风雨侵袭的痕迹。可是另外两盆，绿得鲜艳，红得灿烂，没有一片多余的叶子，没有一丝杂草。一切都是精心设计的结果，它们显得完美无缺。看着它们，似乎这完美的东西远不如那些夹杂着残枝败叶的新绿更令人愉悦。

其实，追求所谓的完美生活就如那些假花一样，虽然看起来精致，但总会缺乏生气，缺少生命经历过的真实。

人人都希望完美，但生活不可能完美无缺，也正因为有了残缺，我们才有梦、有希望。当我们为梦想和希望而付出自己的努力时，我们就已经拥有了一个完整的自我。

完美，总是让人们那么期待，而这个期待却是没有尽头、没有结果的，因为世界上根本就没有完美。追求完美的人，注定不堪一击，因为他们从来就没有想过完美是一个什么样的情形。

有这样一个童话：一个被劈去了一小片的圆想要找回一个完整的自己，到处寻找自己的碎片。由于它是不完整的，滚动得非常慢，从而领略了沿途美丽的鲜花，它和虫子们聊天，充分地感受阳光的温暖。它找到许多不同的碎片，但它们都不是它原来的那一块，于是它坚持着找寻，直到有一天它实现了自己的心愿。然而，作为一个完美无缺的圆，它滚动得太快了，错过了花开的时节，忽略了虫子。当它意识到这一切时，它毅然舍弃了历尽千辛万苦才找到的碎片。

这个故事告诉我们：也许正是失去，才令我们完整。一个完美的人，在某种意义上说，是一个可怜的人，他永远无法体会有所追求、有所希冀的感觉，他永远无法体会爱他的人带给他某些他一直追求而得不到的东西的喜悦。

追求完美的人普遍有个坏习惯，他们老看自己的缺点，对缺点很不放心，甚至忍受不了缺点。这是造成焦虑紧张的主要原因。当一个人留意的都是自己的缺点时，优点和价值就会从他的意识中隐而不现：潜能开始受到压抑，消极思想弥漫在生活之中。

另外，追求完美的人很在意别人的评价，对于别人的负面评价尤其敏感，甚至有过度反应的现象。他们只要受到别人批评，就会显得极度不安，甚至难过得无法入睡。

世界上没有完美的事物，更没有完美的人。看看周围的人们，天天都在为了追求完美而不断努力，可是却没有一个真正完美的人。其实，在这个世界上，能够拥有现在的一切，已经是一个完美的人了。每个人在生活中都有自己的位置，都有自己应该扮演的角色。我们应该活出真正的自我，坦然面对生活给予的一切，不要让苛求完美的心使生活失去原本的真实。完美只能追求，不能苛求。

心灵悄悄话
XIN LING QIAO QIAO HUA >>>

只有不完美，我们才能看到自己的残缺，无论是思维上的、性格上的、还是生活上的，然后才能逐步地改进、追求、奋斗。世界上好多事物都是没不完美的，放弃不切实际的梦想，接受缺憾，你会发现幸福正在向你走来。

正确地估价自己，敢不如人

一个人要保持谦虚的姿态，善于向他人学习，以积累更多的经验，进而发展自己的才能，拥有更高的权威。反之，如果一个人自以为是、骄傲自大、目空一切，只会阻碍自己的发展，最终一事无成。

老子说过："上善若水。"意思是说，最好的善，就像水一样。水可以根据容器的形状，而呈现出相应的形状。水往低处流，地势越低，水就汇聚得越多。水虽然柔弱，但水滴石穿，再坚硬的物体，也会被水滴穿。我们常说谦虚是一种美德，其实，谦虚与老子说的"善"一样，也像水一样，虽然柔弱，却能滴穿最坚硬的石头。谦虚之所以具有如此强大的力量，是因为谦虚的人，把自己的心态放得很低，别人只要有一点长处，他马上就可以看到并学到，渐渐地，他的能力、智慧、人生的境界就在不知不觉中突飞猛进了。

孔圣人说："三人行，必有我师焉。择其善者而从之，其不善者而改之。"意思是说，在众人之中一定有值得我学习的东西，因而要虚心学习别人的长处，把别人的缺点当镜子，对照自己，有则改之，无则加勉。所以，敏而好学，不耻下问，虚怀若谷，应该成为每一位居于人生巅峰的企业家们的重要修养。

调子放得最低，心态修炼得最静最静，经历了几番风雨几轮挫折，渐渐地，就会明白，一个人不可能处处胜于人。有得必有失，样样齐全了，你也许会遭到更大的、更意料不到的天灾人祸。就像小病小灾缠身一生的人，往往安享天年，而无病无痛、大红大紫的人常常遭祸忽至，防不胜防。命运往往是无常的，做什么都要留有余地。

完美——千树万树梨花开

从另一种角度来说，敢于不如人，实际是某种程度上的自信。每个人都有自己的优点与优势，也都有自己的缺点与短处，扬长避短才是最聪明之举，拿自己最不擅长的柔弱之处去硬碰别人修炼得最拿手的看家本领，其结果可想而知。

每个人都具有别人所没有的潜能，但这些潜能是有局限性的，它只存在于某些方面，因此不可能在所有地方都发挥出来。所以，我们在某些方面不如别人很正常。你不是大力士，不可能搬动所有石头；即使你是大力士，你的力气总会耗尽，到那时还得让别人来搬石头。你不如利用好你的力气，就搬那几块你想要的石头。有时，多几块石头不是因为需要，而是为了炫耀，那么，何苦这样呢？这样比下去，你只会疲惫不堪。

真正的高手都是不显山露水的，他们对待这个喧哗的世界泰然处之，对待那些自命不凡的人淡然笑之。就像《天龙八部》里的扫地僧，谁能料到有如此高手藏于少林寺内，却几十年如一日的"不如人"，一直低调下去，又有谁能如此？

放下身架，绝不会使高贵者变得卑微；相反，倒更能增强人们的崇敬之情。这样的人把自己的生命之根深深扎在大众这块沃土之中，哪能不根深叶茂，令人敬重？

心灵悄悄话
XIN LING QIAO QIAO HUA >>>

只有敢于不如人，才能胜于人。天外有天，楼外有楼，一个人怎能时时处处胜过别人呢？

懂得放弃，不追求完美

每个人在他的一生当中，都会面对许许多多的取与舍，通常情况下我们总是渴望着获取，渴望着占有，以为拥有的东西越多，自己就越富有、越快乐。在这种思想的驱使下，我们整天忙碌，试图把自己想要的都争取得到。可是，当日子一天天过去，我们却往往不能如愿，反而被压力压得喘不过气来，失望、忧郁、困惑和不快乐都随之而来，时间久了，就严重影响了我们的身心健康。

一头毛驴幸运地得到了两堆草料，然而犹豫却毁了这个可怜的家伙。它站在两堆草料中间，一会儿看看左边的草料，一会儿看看右边的草料，犹豫着不知先吃哪一堆才好，就这样，守着近在嘴边的食物，这头毛驴却活活饿死了。多么可悲的下场！

威廉·惠德说："如果一个人面对着两件事犹豫不决，不知该先去做哪一件事情好，那么他最终将一事无成。他非但不会有什么进步，反而会后退。唯有那些具有如恺撒一般的特性——先聪明地斟酌，再果断地决定，然后坚定不移地去行动的人，才能在任何事业上，都做出卓越的成绩来。"

可见，在现代职场上，学会选择放弃对一个人的成功是多么重要。如果你现在已经在职场中打拼，却还不知道怎样选择放弃，那就一定要下决心学习，因为这有时比发现并追求一个机会更为重要，而只有成功的选择，才会有成功的人生。

1. 选择放弃是为了更好地得到

有位哲人说过：在你得到什么的同时，你其实也在失去。

同样，你在选择什么的同时，其实也在放弃。选择前，我们面对无穷多的可能，但当你选择时，你就必须放弃。放弃是必要的，是为了更好地得到，人通过选择、也通过放弃而成长，尤其是当你想通过一生的拼搏，去获得巨大的成功时，更要敢于放弃，不要被取得的一点小小的成功所迷惑。当然放弃不是随意的，更不是三心二意的。比如说，你一会儿看当影视演员容易出名，就去学表演；一会儿看自己办公司可能会发财，就办公司；一会儿看从政升官快，又热衷于参加政治活动……你应该充分估价自己的才能，认清自己最适合干什么，然后再做出正确的选择，只有这样，再加上你的不断努力，才能最终取得成功。

杨露就是一个善于放弃的成功女性，她 20 岁时放弃芭蕾舞进入深圳的 IT 业，22 岁到北京一家玩具厂做业务员，23 岁进入中国惠普公司，30 岁突然辞职，放弃百万年薪和熟悉的 Irr 业，做起了自己的形象设计公司。

已经做到中国惠普大客户部销售经理的杨露，考虑了整整三个月的时间，终于向惠普公司递交了辞呈。辞职后，杨露的电话成了咨询热线，亲朋好友及同事纷纷打电话，问她哪来的勇气？有人羡慕，说她敢于放弃；有人惋惜，说她再等等可以升职到三级老板，怎么能放弃？杨露只说了一句话："我相信只有做我真正喜欢的事情才能做得长久，做得最好。请你们支持我！"

杨露辞职并不是一时冲动。尽管在惠普公司她已经是高级主管，但这终究是给人家打工，她想创办自己的公司。有一天，她突然发现，在中国虽然已经有了一些形象设计公司，但是都很不规范，多是个体运作，尽管专业技术很好，但大都凭着热情和感受在做事，既不够理性，也缺乏市场运作经验。她觉得凭自己这么多年来在商场打拼的经验，再加上自己对美的感悟，相信自己完全能够在这一行里大有作为。于是，她毅然决定开一家正规的形象设计公司。创办公司是需要挤大量时间

的，这对于已经是惠普公司销售部经理的杨露来说，真是一件很困难的事，她只得把思考、设计工作安排在每次出差乘飞机的那几个小时内，难怪她后来常常戏言：自己的公司是在飞机上创办起来的，在她的公司正式注册后，她就递交了辞呈。

形象设计公司开张后，杨露便全身心地扑在了公司的运作上，很快就赢得了大量的客户。正在公司飞速发展的时候，一个偶然的机会带给杨露瞬间的灵感。2002 年底，她去美国参加一个朋友的婚礼，席间认识了一个 IT 公司的老总，他随手拿出了公司的员工合影。杨露忽然觉得那是一种整体的美，员工们那么的自信和灿烂，这是中国企业所不曾拥有的。她好奇地马上把这一疑问说了出来，然后她听到了一个全新的概念：员工形象整合。原来世界 500 强公司里几乎都放置着一个新的高层职位首席设计官，主管企业的整体形象设计，而一些尚未设此职位的公司也会把这项业务交给专业的员工形象整合公司来做——在国外公司员工形象包装是企业文化不可缺少的一部分。杨露的眼睛一亮，立即看到了公司发展的方向：公司可以在原有的个人整体形象设计的基础上，大力强化企业员工整体形象设计，这可是一个潜在的大市场啊！

想到就做！杨露聘请了国内外很多实力雄厚、经验丰富、具有形象整合能力的设计师和咨询专家，大力拓展新的业务。现在。很多企业的老板都希望杨露为其下属酒店做员工形象整合，MBA 管理培训公司希望杨露为其学员上课，说是要"为新时代的老板洗脑"。杨露已经叩开了成功的大门，熟识的人都相信她的事业会越来越好，最终取得成功。

2. 不要追求完美

身处职场中的你，是否有过这样的想法：干工作一定要做到完美无缺。这种想法的出发点是好的，但这样做的结果，却可能导致你永远无法做完一件事，因为完美是相对的，任何绝对的完美都是不可企及的。

努力做到最好和过于追求完美，两者之间有很大的差异。前者通常是一种可以达到的、令人满足和健康的工作习惯，后者则是无法达到的、令人沮丧和神经质的，而且极度浪费时间的一种工作习惯。

英国著名的马科斯—史宾塞公司董事长西门·马科斯爵士认为，那些热衷于完美的人，他们浪费的时间和金钱其实可以得到更好地运用。因此，他主张采用"合理的近似值"制度，他的座右铭是："不要为追求完美付出代价。"

一位文秘如果因为用墨水改正的一点小错而重打一封长信，或者是上司要求她这么去做，那他们就该看看美国国家档案中心的美国独立宣言原稿。写这份稿子的人在完稿时，漏了两个字母，他没有重新再抄，只是在行间把两个字母加了进去，再加上连接符号，既然在这么重要的文件上都能这么做，那么在一封只给人看一眼就被送进档案室或废纸篓的信，当然没有问题。

既然这样，那我们为什么还不放弃虚幻的"完美主义"，而选择看得见的"努力做好"呢？用节约下来的时间和精力去做好更多的工作，你的业绩必将集腋成裘、聚沙成塔，终有一天会得到上司的赏识，那晋升和加薪也就离你不远了，何乐而不为呢？

3. 当断则断，切忌犹豫不决。

阿内夫人是一位品质高尚、令人尊敬的女士。然而，凡是认识她、了解她的人，都知道她有个致命的弱点——犹豫不决。

阿内夫人如果要买一件东西，一定要事先把全城出售那件东西的店铺跑遍。她走进一个商店，便从这个柜台跑到那个柜台，从柜台上拿起要买的货物，更要仔仔细细地打量，看到这个颜色有些不同，那个式样有些差异，也不知道究竟买哪一种好，结果，常常一样也不买，空手而归。

有时，即使阿内夫人买下某样东西，她心中也总是嘀咕，所买的东西是否真的不错？是否要带回去问一问他人的意见，不合适再到店中调换？结果，她买什么东西，往往总要调换二三次，而内心还是感到不满意。

在现代职场上，有很多像阿内夫人那样的人。他们做事情总是瞻前顾后，犹豫不决，除了上司交代的工作外，几乎从没主动做出过什么业绩，显得平凡、渺小，像大海中的一滴水，从来也不会引起上司的注意，结果只能是与晋升和加薪失之交臂。即使有些人想主动做些工作，结果一会儿想做这件，还没开始又想做那件，到头来什么事情也没有做，眼睁睁看着美好的时光从身边溜走，甚至搞得心情郁闷，消极失望，对前途丧失信心。

归根结底，造成这种现状的原因还是不懂得选择放弃。

无论你是领导还是普通员工，在平时的工作中都不应该苛求过分，要掌握好分寸。分寸掌握好了，别人才会认为你做事严肃认真，值得赞扬和学习；分寸掌握不好，就会导致他人的反感，使得你被周围的同事孤立。

须知，世间的事物只有更好，没有最好。不完美，有缺陷，才是事物的本质。一味地追求完美，有时候反而会徒劳无功，徒劳无益。

心灵悄悄话
XIN LING QIAO QIAO HUA >>>

生活中有许多人不懂得选择适合自己的，而是一味地追求完美，却没有意识到，生活中的某些缺陷本身也是一种美。

没有最好，只有更好

曾经在电视上出现过这样一句广告用语："没有最好，只有更好。"这句话是在告诉我们：永远不对自己的现状满意，永远向着更高的目标前进，你永远可以做得更好。

一个人一旦满足于自己目前获得的成就，便失去了继续前进的动力，不再追求更高的目标。而在当今社会，竞争日益激烈，不前进便意味着后退，就可能被无情地淘汰。一旦你停止前进，便会被别人所赶超。

只有更好，也就是说在相对中一个比一个好。"只有更好"是一种执着的追求，是一种向上的信念，如果一个人想着更好，这就意味着他还不满足眼前，会想着向更好的一级前进和攀登。

24岁的海军军官卡特应召去见海曼·李科弗将军。在谈话前，海曼将军让卡特挑选任何他愿意谈论的话题，然后再问卡特一些问题。结果，卡特被问得直冒冷汗。

卡特终于明白：自己自认为懂得了很多东西，其实还远远不够。结束谈话时，海曼将军问他在海军学校的学习成绩怎样，卡特立即自豪地说："将军，在820人的一个班中，我名列59名。"

将军皱了皱眉头，问："为什么你不是第一名呢，你竭尽全力了吗？"

此话如当头棒喝，影响了卡特的一生。此后，他事事竭尽全力，最

终成为美国总统。

"你为什么不是第一?"这句话惊醒了满足于自己成绩的骄傲的卡特,让他意识到了自己的不足,从此任何事都努力争取做得最好。

不是第一就要努力成为第一,而即使你是第一,也可以做得更好。世界上没有常胜将军,哪怕你是第一,你也会同样面临许多的挑战。这样的挑战来自他人,同样也来自自己。

没有最好,只有更好。无论对企业还是个人来说,"只有更好"的精神都显得十分重要。对于企业来说,"只有更好"标志着持续地发展;对个人来说,"只有更好"意味着不断超越自我,意味着获得成功,意味着再创辉煌的可能性。更美的风景就在前面一步,就在明天,就在未来。

心灵悄悄话
XIN LING QIAO QIAO HUA >>>

"没有最好,只有更好"如同成功道路上的一盏明灯,让在这条路上前进的人们永远向着前方的光明行进,他们对自己的事业、学习、学术始终感到不满足,向着"只有更好"的方向去努力和进军。当然,他们也会得到更好的收获,取得更好的成绩,拥有更好的辉煌。